5 種麵團

Shaped Bread

Jamie 賴琬茹 — 著

翻轉

造型麵包

讓您家每天都有
可愛美味的麵包出爐

　　籌備這本造型麵包書籍時，碰巧遇上COVID-19疫情大爆發，那個期間因為不方便外出，但是又很想吃麵包，因而時常拿出麵粉實驗，玩著玩著，就和麵包擦出奇妙的火花！同樣都用高筋麵粉製作，卻因為食材比例和作法些許不同，即可做出不同的口感和造型。

　　拍攝步驟圖期間，真的花了許多精神和體力，除了需克服麵包發酵的問題，還要避免烘烤過頭而影響顏色，因此不停地重新實驗，尤其是插畫造型吐司，必須在刀子切下的那刻，才知道成功或失敗，那種驚喜感只有做過了，才能體會當中的樂趣。

　　書中麵包分成五大類，只要學會「貝果、菠蘿、吐司、手撕麵包、其他類」，只要學會每類的基本麵團，就可應用此麵團變化成不同造型，非常適合家庭式烘焙，不僅能滿足大、小朋友的心，送禮一定也是最吸睛的禮物。親手DIY製作的麵包，不僅能把關使用的食材，還可依照需求自行更換，比如想做給小朋友食用，可將色膏換成天然蔬果粉，雖然顏色比色膏淡些，但是食用時更加安心。

　　為了帶給讀者全新與驚嘆的造型麵包，我在造型方面花了許多時間研究，建議您可以跟著每道所標示的「易、中、難」，從容易慢慢加深難度，讓自己愈來愈有成就感。造型麵包著重在麵團的塑型，即使無法一次就完美做出，只要多練習幾次，必能愈做愈快，手感也會愈來愈順手。

　　想讓您更清楚製作過程，於是主編和我討論拍攝影片輔助，包含：製作各類基礎麵團、麵團分割滾圓、巧克力染色、部分產品造型等等，讓每道食譜附上相

關 QRcode，可以透過手機掃描直接線上觀看，並搭配書中靜態照片，相輔相成，讓新手在製作造型麵包時更容易上手！

最後，希望透過這本造型麵包書，用可愛療癒的造型說出精彩故事，不論是製作者或是品嚐者，都能共同享受幸福的好食光，讓每天都是可愛美味的麵包日！

作者簡介

Jamie 賴琬茹

由於設計系碩士背景出身，加上熱愛甜點和手作麵包的溫度，一頭栽入烘焙的世界。透過自學、坊間烘焙教室和職訓局的課程學習技術，考取烘焙證照，並且不定期自國外進修相關技術和流行資訊。

一開始於參加創意市集、販售手作甜點和客製訂單，因而被出版社邀約出版書籍，著作《冰盒造型餅乾》、《造型夾心餅乾》。喜歡與大家分享烘焙手作的樂趣，因而漸漸轉型成烘焙教學，並且和各大企業行號、百貨公司、電視平台、網紅等合作。希望結合設計和烘焙，做出美味又可愛的成品，不僅能療癒大家的心靈，還能分享手作的溫度和快樂。

證照	現職 & 經歷
烘焙丙級麵包證照	JMI 手作烘焙坊創辦人
烘焙丙級餅乾證照	台灣各地烘焙教室講師
	各大百貨業和企業烘焙講師
	各大媒體合作採訪
	造型甜點客製設計
	烘焙課程客製設計

目錄 Contents

Chapter 4 人氣超萌「吐司」

Chapter 5 相連樂趣「手撕麵包」

Chapter 6 創意多變「其他類」

Chapter

1

造型麵包
「基礎課」

進入造型麵包製作之前，有哪些基礎內容需要先學會呢？
常用的器具材料，避免買了一堆卻用不到，
麵團分割滾圓重點、發酵方法和判斷，
還有蔬果粉及色膏染色技巧、巧克力繪製五官表情等，
讓大家能輕鬆造型美味又好看的麵包！

麵包常用器具和材料

器具類

∥ 桌上型攪拌機

可取代手揉麵團較省力，由於本書配方適合家庭少量操作，所以攪拌機的容量不需要太大，否則麵團會打不到。

∥ 食物攪拌機

也可使用只有攪拌麵團或餡料功能的機器，取代手揉麵團的步驟。

∥ 電子秤

造型麵團需要秤出非常少量又精準的重量，可選擇單位到0.1g的電子秤，方便小麵團和裝飾材料的秤重。

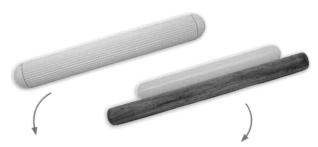

∥ 排氣擀麵棍

排氣效果比一般擀麵棍好，可以一邊擀麵團，就能一邊排氣，維持麵團組織的完整，讓麵包風味更佳。

∥ 一般擀麵棍

擀麵團之外使用，比如菠蘿皮、翻糖擀薄，挑選塑膠或是木頭材質皆可。

∥ 電磁爐

用於烹煮內餡、配料、熔化巧克力等，也可使用卡式瓦斯爐。

// 烤箱

每台烤箱的性能及烤溫些微差異，溫度穩定的烤箱可以提高烘烤成功率。本書的烘烤溫度提供參考，烘烤前需先了解自己的烤箱特性適當調整。可根據麵包的上色狀況，提早或延後出爐的時間。如果較淺色的麵團容易上色，烘烤一半的時間可以蓋上白報紙，避免上色太快或顏色太深而影響美觀。

// 置涼架

用來放置剛烤好的麵包，大部分的麵包適合剛出爐就脫模冷卻，避免水汽和多餘的熱量無法順利排出，導致麵包濕軟、外觀縮塌變形。

// 隔熱手套

選擇適合自己手型大小的耐熱手套，方便拿取烤模和烤盤，避免成品因高溫出爐時燙傷自己。

// 鋼盆

攪拌麵團材料的最佳容器，麵團發酵體積會變大，鋼盆可選擇比麵團大 2 ～ 3 倍的容量。

// 小碗

製作需要較多顏色麵團時，可放置小碗分開發酵；分割麵團時，也可用來盛裝。

// 切割板

又稱為刮板，可以將麵團聚集、切割、混合等功用，也能用在切菠蘿皮的紋路，做麵包造型時皆可使用。

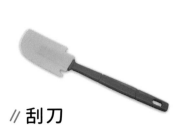

∥ 刮刀

麵團攪打的過程，常需要停機刮鋼盆，常用於整理、聚集麵團或攪拌食材時使用。

∥ 篩網

台灣天氣潮濕，粉狀類的食材容易結塊，使用低筋麵粉、糖粉之類的食材前，可先用篩網過篩，讓粉類更細緻。

∥ 鋸齒刀

鋸齒較容易抓住物體的表面，來回移動的同時，能有效的撕裂表面纖維，常用於切吐司類的片狀。

∥ 尖頭剪刀

常用於麵團的造型，選擇尖頭的剪刀較容易塑型。不需要太大把，以手部好握取為佳，較容易掌握力道。

∥ 滾輪刀

有把柄方便握取，用來切細條的麵團時，容易控制方向和力道，常用於切割麵團。

∥ 小筆刷

選擇細頭的筆刷，繪製細小地方較容易，常用於五官繪製，以及沾食用色粉畫腮紅。

∥ 牙籤

沾食用色膏、調整巧克力繪製五官等細節時使用，選擇一端有平頭的牙籤，繪製眼睛可以較圓。

∥ 烘焙紙

切割成需要的尺寸，放置烤模內，避免成品黏在烤模上無法取出，因此影響外觀。

∥ 饅頭紙

麵團容易沾黏，或是製作較小配件時，可放置饅頭紙上較容易操作，還可直接進烤箱烘烤，完成時也方便撕開。

// 保鮮膜

麵團發酵時,表面需要覆蓋保鮮膜,可以讓麵團具保濕、防止乾燥,還能有保溫效果。擀製菠蘿皮時,保鮮膜覆蓋在上方,較容易操作。

// 三明治袋

裝入各色熔化的非調溫巧克力,方便繪製五官和黏合配件。

// 紙棒

市面有販售可耐熱的紙棒,能直接插入麵團進烤箱烘烤,本書的鸚鵡串串手撕麵包即是使用此紙棒。

// 噴水瓶

麵團需要保濕,或是加入蔬果粉染色時,噴上少許水讓蔬果粉濕潤,避免麵團太乾燥。

// 竹棒

用於造型裝飾,本書的愛心貝果棒、棒棒糖螺旋吐司皆是使用此竹棒。

// 棉線

用於平安風鈴餐包的裝飾上,串連小餐包和餅乾使用。

// 翻糖矽膠模

市面上有販售不同造型的矽膠模具,可填入市售翻糖或是熔化的巧克力,脫模後即可形成立體造型的配件。

// 造型壓模

本書的造型部分,常應用翻糖彈簧壓模、不鏽鋼和塑膠模具,或是花嘴等小模具,方便製作小配件,可於網路商店購買。

// 12 兩帶蓋吐司模

用於吐司篇的變化，上蓋可根據烘烤需求自行取下。

// 圓柱吐司模

用於吐司篇的多款變化，例如：小花插畫、黑皮企鵝插畫，烘烤時再上蓋使用。

// 貓咪吐司模

市售的貓咪造型吐司模，方便好用又可愛，出現於吐司篇的多款變化。

// 方形活底烤模

裝盛手撕麵包類麵團的烤模，書中用到的尺寸為15公分、21公分，使用前需要鋪上烘焙紙，方便脫模時取下。

// 8 吋中空天使蛋糕模

手撕麵包類的小雞抱抱、白雪公主與七矮人，皆是使用此模具，使用前模具內先抹油並撒上高筋麵粉，防止沾黏。

// 8 吋圓形蛋糕模

用於歡樂聖誕節手撕麵包烘烤時，選擇底部活動式的，成品較容易脫模；若是非活底蛋糕模，則使用前需先鋪烘焙紙。

// 馬芬不沾烤盤

用於點點蘑菇菠蘿麵包的製作，使用前需要抹油撒高筋麵粉，防止沾黏。

// 錐形丹麥管

用於紅蘿蔔兔子捲的製作，使用前需要抹油撒高筋麵粉，防止沾黏。

材料類

高筋麵粉

麵粉是產生麵筋的主要角色，麵筋足夠的麵團才能有發酵耐力。高筋麵粉含有較多蛋白質，筋度與吸水量都比較高，與水混合後的黏性也較高，麵團會有彈性，因此適合做麵包、吐司、貝果。

速發酵母

是大多數商業與居家烘焙，最常拿來使用的一種酵母菌。本書配方皆使用高糖速發酵母製作，優點是發酵快速、容易儲存、不易變質。

鹽

雖然鹽在麵包裡面含量很少，卻有不可忽視的重要性。鹽可以強化麵團的韌性、增加延展力和抑制酵母的發酵作用，避免酵母過度或快速發酵，是穩定發酵的材料。

糖

可以為麵包帶來需要的甜度，也是酵母發酵時主要的能量來源。另外，糖具有吸濕性及水化作用，能讓麵包保持柔軟並延長保鮮期。

奶粉

奶粉中的乳糖成分能幫助麵包表面上色，可以使成品顏色更誘人、香味更濃厚，並且提高麵包的風味。

牛奶

添加牛奶能使麵包具奶香味，達到組織細膩、柔軟且富有彈性。牛奶中含有人體必需胺基酸，豐富的礦物質及維生素等，加入麵包中，可使麵包的營養成分更加完善。

無鹽奶油

油脂是麵包中的柔性材料，除了增加風味和營養價值之外，還能延長麵包老化的現象。奶油使用前，需放置室溫軟化，攪打過程讓麵團較容易吸收。

// 雞蛋

加入適量的雞蛋，有助於增加香氣、讓麵包內部呈現淡黃色光澤，其中的卵磷脂還有延緩麵包老化的作用。烘烤前在麵團表面刷上蛋黃，能讓烘烤後的成品表面顏色較深沉和散發油亮感。

// 水

製作麵包過程中，水能讓酵母發揮作用，使麵團產生筋性具彈性的重要材料。麵團中的水分可以提高麵團柔軟度、防止麵包乾燥及提早老化。夏天可使用冰水，避免麵團發酵太快；冬天使用常溫水即可。

// 白色巧克力

用於造型麵包的配件黏貼，以及五官繪製。使用鈕釦型的非調溫巧克力較方便，隔水加熱熔化後，即可裝入三明治袋使用。

// 苦甜巧克力

又稱黑色巧克力，用於造型麵包的五官繪製，使用鈕釦型的非調溫巧克力較方便，隔水加熱熔化後，就能裝入三明治袋使用。

// 杏仁果

用於貝果類的配件，若是買生的杏仁果，可先用烤箱約170℃烘烤10～15分鐘，烤到表面稍微上色即可使用。

// 義大利麵

用於麵團支撐用，本書許多小配件會使用義大利麵支撐。若需要食用，可先高溫炸過；若是單純做造型，可直接使用。

// 餅乾棒

餅乾棒為市售品，可直接插在麵包表面當作裝飾，非常方便又可食用。

// 翻糖

用於表面裝飾的配件製作，市面上有販售白色翻糖，可直接食用，依照需求自行染色即可。

// 粉紅色色粉

可食用等級，使用小筆刷沾取少許色粉，直接刷在烤好的麵包表面，適合當作腮紅裝飾。

// 烤盤油

噴在發酵的鋼盆上或是烤模表面，能避免沾黏，方便快速脫模。

顏色來源與染色法

蔬果粉天然色彩

　　蔬果經過急速冷凍乾燥，打碎後壓磨成粉，形成各種天然色粉，食材較天然健康，但是成品顏色較容易黯淡，無法達到飽和鮮明狀態。如果為了達到鮮明效果，加入太多天然蔬果粉，會導致麵團太乾而無法操作，甚至有過重的蔬果味。初學者可先從少量蔬果粉，慢慢增加到所需要的顏色。

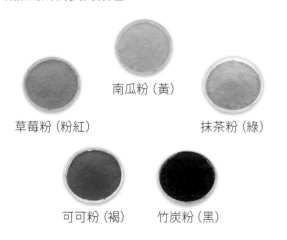

南瓜粉（黃）

草莓粉（粉紅）

抹茶粉（綠）

可可粉（褐）

竹炭粉（黑）

∥ 蔬果粉顏色來源

顏色	蔬果粉種類
● 紅	紅麴粉、甜菜根粉、紅火龍果粉
● 粉紅	草莓粉、覆盆子粉
● 橘	紅蘿蔔、金黃起司粉
● 黃	南瓜粉、芒果粉、百香果粉、薑黃粉
● 綠	菠菜粉、芹菜粉、抹茶粉
● 藍	蝶豆花粉、梔子藍色粉
● 紫	芋頭粉、藍莓粉、紫薯粉
● 褐	咖啡粉、可可粉
● 黑	竹炭粉

食用色膏飽和度高

　　使用食用色膏烘烤出來的成品，顏色較鮮明飽和，必須用牙籤沾取色膏，慢慢加量至所需量，初學者較容易下手過重，導致麵團顏色太深。市面上有販售多款食用色膏，每個廠牌的濃稠度、飽和度和彩度有些微差異，所以使用時慢慢加，拌勻了再看看顏色是否足夠，若不夠再加。

　　食用色素包含天然蔬果粉、食用色膏、食用色漿等食用級材料，說法及包裝很多種，在於每種質地不太一樣，書中用天然蔬果粉和質地較稠的色膏，可依據喜好挑選適合的顏色和廠牌。

// 菠蘿皮染色

若要達到白色效果（例如：圓滾乳牛菠蘿麵包），可在菠蘿皮加入白色色膏。

// 白色巧克力染色

可購買油性的食用色膏，加入熔化的白色巧克力，拌勻後使用。通常30g白色巧克力，大約需要1滴色膏，喜歡飽和度高即往上加色膏量。

麵團染色教學 🌿

// 蔬果粉示範

01 依照需要克數切出麵團，加入適量蔬果粉。

02 在蔬果粉上噴少許水，把色粉包裹在麵團裡面。

03 手掌來回用點力氣搓揉麵團，色粉會慢慢染開，搓揉至麵團顏色均勻上色。

▶ Video 影片

麵團
染色法

04 麵團收口捏合,握住麵團滾圓,染色完成即可進行基
　　礎發酵。

// 食用色膏示範

01 依照需要克數切出麵團,
　　加入適量色膏。

02 把色膏包裹在麵團裡面,手掌來回用點力氣搓揉麵團
　　使均勻上色。

03 顏色若不足,未染勻前
　　可再添加色膏,搓揉至
　　麵團顏色均勻上色。

04 麵團收口捏合,握住麵團滾圓,染色完成即可進行基
　　礎發酵。

繪製五官表情方法

巧克力繪製技巧

使用熔化的非調溫巧克力繪製五官較立體，巧克力繪製的缺點是麵包體復熱會化開，因此需要當天食用完。而且熔化後的巧克力，在室溫下太久會凝固，繪畫時需要不斷加熱或隔著一盆熱水保溫。

// 常用的基本形狀

最常用來繪製五官，比如眼睛和鼻子可以畫圓形或橢圓形，或是瞇成線條的眼睛；嘴巴可以隨心創作畫出喜怒哀樂。

❖ 圓 點

01 定點慢慢用力擠出圓點，根據力道大小，可擠出不同大小的圓。

02 表面若是不光滑，趁巧克力未硬化前，可使用牙籤撫平。

❖ 橢 圓

01 由中間定點擠出後，左右來回慢慢加大成橢圓狀。

02 表面若是不光滑，趁巧克力未硬化前，可使用牙籤撫平。

O1 由左至右，水平慢慢往上騰空拉出線條，長度到達後再往下收尾。

竹炭粉調水繪製技巧 🍃

　　方便使用的繪製方法，只要將竹炭粉和水調勻即可使用，並且快速乾燥，不必擔心麵包復熱後會化開。缺點是竹炭粉繪製的五官較平面，若是碰到水會暈開或糊掉，而且顏色較淡，需要重複多畫幾次來加深顏色。

⫽ 配方簡單容易操作

只要準備食用級竹炭粉和一個裝常溫開水的小噴水器，就能輕鬆操作，再搭配細尖頭小筆刷或牙籤，即可輕鬆繪製五官表情。可依裝飾量需求調整竹炭粉和常溫開水的克數（比例1：1）；水分若是蒸發，可適時用小水瓶噴水使用。

❖ 材 料

竹炭粉 ⋯⋯⋯⋯⋯⋯2g
25℃常溫開水 ⋯⋯⋯2g

▶ Video 影片

竹炭粉調水
畫五官

❖ 作 法

O1 小容器上倒入少許竹炭粉，旁邊噴入少許水。

O2 水和竹炭粉調勻成濃稠狀備用。

O3 使用牙籤的平頭端繪製眼睛，如果顏色太淡，可沾取多次重複畫。

O4 使用細尖頭的小筆刷，可以繪製嘴巴、鬍鬚等小細節。

麵團分割和滾圓重點

分割和滾圓定義 🌿

　　麵團經過基礎發酵後，會根據製作的產品配方，將麵團分割成所需要的重量，這步驟就是分割。

　　麵團被分割後，會出現許多切割裂口，麵團會沿着切割裂口處膨脹，麵筋就會變弱，整個麵團的發酵力度就會不均勻，進而影響麵包的造型和口感。

// 分割 4 大重點

01 切割時不要來回拉扯，切下後就將麵團往旁邊撥。

02 將麵團切成接近圓形的形狀，避免太多直角，有助於滾圓會更順手。

03 努力做到精準分割，避免分割成太多小塊，導致麵團組織的均勻度受到影響，產生不規律的口感。

04 新手分割麵團時，難免無法精準到位，切出的小塊麵團可藏在切面處或底部，滾圓或整型時較容易到位。

// 滾圓 4 大重點

O1 大麵團滾圓時，可先將麵團底部折成接近圓形，再用雙手順時針轉圓至光滑狀。

O2 光滑的一面朝外，因為切面處會導致麵團鬆弛，保留二氧化碳的能力也會下降。

O3 切面處若有許多不規則麵團，可先將凌亂的麵團往下內折，折到麵團表面變光滑後，收口處捏緊再滾圓。

O4 利用大拇指將麵團推出去，另外四根手指輔助推回，手掌呈現倒C字形，運用整個虎口滾動麵團。

▶ Video 影片

麵團分割和
滾圓重點

麵團發酵和判斷方式

氣溫高低影響發酵 🌿

　　天氣太熱會加速發酵，若是室溫高於35℃，發酵時間需縮短，並且注意麵團發酵的狀態，以免發酵過頭而產生酸味。反之，若是室溫低於30℃，發酵時間需延長，或旁邊放置熱水促進發酵。

溫度超過30℃

夏天天氣很熱，基本上室溫都超過30℃。麵團可以在表面噴上水，蓋上保鮮膜後，直接放在有陽光的窗邊；或是廚房溫度較高的地方，旁邊就不需要再放熱水。

溫度低於30℃

冬天或室溫比較冷，室溫通常低於30℃。麵團用保鮮膜蓋起來，放入烤箱或保麗龍箱，旁邊放入1杯約50℃熱水，透過蒸氣效果幫助發酵，水冷了就隨時更換。

判斷發酵程度 🌿

　　可以透過手指戳洞的洞口狀態、外觀脹大程度來判斷發酵不足、適當、過頭。手指搓進麵團前，記得先沾些高筋麵粉，以防沾黏。

發酵不足

手指容易戳進麵團，但洞口也容易回縮，麵團表面較粗糙，烤出來的口感較乾硬無彈性。

發酵適當

手指戳進麵團會感覺有彈性，麵團洞口不易回縮，發酵適當的麵團表面較光滑，烤出來的麵包較鬆軟。

發酵過頭

手指戳進麵團抽出後，洞口附近局部萎縮，麵團像是洩氣的感覺，表面出現大氣泡。發酵過度易讓麵團表面不平整，吃起來口感較粗糙。

麵包保存和加熱方式

常溫保存 2 天 🍃

當天烘烤完的手撕麵包，常溫保存大約 2 天。若是表面有巧克力裝飾，則建議常溫保存，並且盡快食用完，否則加熱會使巧克力熔化。

冷凍保存 14 天 🍃

冷凍保存大約 14 天，請勿冷藏保存，冷藏的老化速度較快，水分容易流失，影響口感。表面若需要巧克力裝飾的造型麵包，當天烤完無法食用完，可以先冷凍保存，加熱後再用巧克力裝飾。

// 單顆包裝避免擠壓變形

避免全部裝在一起導致擠壓變形，所以成品先單顆分別包裝，再用保鮮盒盛裝，接著放入冰箱冷凍保存。

造型麵包加熱法 🍃

從冷凍庫取出要食用的份量，室溫解凍 20 ～ 40 分鐘，時間視當下氣溫與麵包大小來決定，愈厚愈大的麵包，則解凍時間愈長。

// 電鍋加熱：Q 軟

麵包解凍後，在外鍋底部鋪上廚房紙巾並噴濕紙巾，麵包放在盤子上再放入電鍋，按下開關加熱大約 8 分鐘。麵包數量愈多，則加熱時間必須增加。電鍋開關如果提早跳起，可再增加水量來延長加熱時間。

// 烤箱加熱：酥脆

麵包解凍後，烤箱預熱 180℃約 5 分鐘，表面噴水沾濕，放入烤箱烤約 5 分鐘，可以視烤箱性能調整烘烤時間長短，麵包加熱後有外酥內軟的口感。

// 微波加熱：Q 軟

麵包解凍後，表面噴水沾濕，微波加熱 20 ～ 30 秒即可食用。加熱時間太久麵包會太硬。

// 煎鍋加熱：酥脆

適合吐司解凍後切片加熱，表面噴水沾濕，鍋子熱鍋後，直接放入吐司片，小火將兩面各加熱約 1 分鐘，視切片厚薄度和火候大小調整加熱時間。

圓滾可愛「貝果」

麵團配方使用蜂蜜取代細砂糖，
由於蜂蜜的吸水性高於細砂糖，
所以麵團水分釋放到空氣的速度相對較慢，
讓麵團具保濕效果、貝果口感不會乾硬，
而且蜂蜜的褐變反應，能讓貝果烤出更漂亮的色澤！

貝果基礎麵團

Bagel 🌿

▶ Video

貝果
基礎麵團

重 // 量

360g

材 // 料

高筋麵粉	210g
牛奶	130g
高糖速發酵母	2g
蜂蜜	10g
鹽	4g
無鹽奶油	10g

作 // 法

01 除了奶油外，所有材料
放入攪拌缸，機器開中
速，攪打至成團，再加
入軟化的奶油。

02 繼續開中速，攪拌至稍
微出現薄膜、麵團光滑
即可。

03 整理麵團表面，收口滾
圓成球狀，放入抹油的
鋼盆內。

04 蓋上保鮮膜進行基礎發
酵，室溫28℃約1小時。

05 麵團基礎發酵至2倍大
左右，表面戳洞不會回
縮即可。

06 捶打麵團進行排氣後，
收口捏緊滾圓即可分割
使用。

貝果麵團 整型燙麵法

Bagel

▶ Video

貝果麵團
整型和燙麵法

個 // 數

5個
原味貝果

糖 // 水

水	1000g
細砂糖	50g

作 // 法

O1 貝果基礎麵團分割5等份，排氣後收口滾圓。

O2 每份麵團分別擀成長約21公分的牛舌狀。

O3 麵團翻面換成橫向，將下端的麵團用手指壓薄。

O4 由上往下，將貝果麵團慢慢捲起。

O5 收口處黏緊。

O6 蓋上保鮮膜，麵團鬆弛約10分鐘。

07 麵團搓長約22公分。

08 麵團其中一端擀薄。

09 另一端麵團放在擀薄的上方。

10 收口處黏緊。

11 翻回正面放在烘焙紙上，進行最後發酵20～30分鐘。

12 細砂糖倒入水裡。

13 糖水以中火煮至沸騰。

14 麵團放入糖水中，兩面各煮20秒鐘。

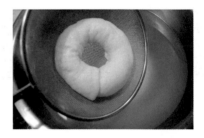

15 用篩網撈起貝果麵團，瀝乾後排入烤盤。

16 放入烤箱烘烤，以180℃烘烤20～25分鐘即是原味貝果。

蜜蜂嗡嗡
貝果

難易度

易
★ ☆ ☆

數量 ◆ 5個

烘烤 ◆ 無

▶ Video 影片

蜜蜂嗡嗡貝果
教學

材 // 料

◆ 前置準備

烤好的原味貝果5個

◆ 熔化非調溫巧克力

黃色：白色巧克力400g＋黃色色膏8～10滴

黑色巧克力35g

草莓巧克力10g

◆ 其他裝飾

烤熟的杏仁果5顆

烤熟的杏仁片5片

市售餅乾棒2～3支

愛心彩糖10片

作 // 法

前置準備

01 烤好的原味貝果放涼。

02 白色巧克力隔水熔化，
加入黃色色膏拌勻。

組合裝飾

03 貝果其中一側的中間剪
1個小洞。

04 杏仁果尾端沾少許黃色
巧克力。

05 黏在剪開的小洞上。

06 貝果表面沾裹黃色巧克力，放入冰箱冷藏10分鐘讓巧克力凝固。

07 可以沾裹兩次黃色巧克力，讓表面更平整。

08 使用黑色巧克力畫上條紋裝飾。

09 餅乾棒剪成數小段，頂部沾少許黃色巧克力。

10 插在貝果頂部。

11 黏上烤熟的杏仁片當作翅膀。

12 黑色巧克力畫上眼睛和嘴巴，草莓巧克力畫上腮紅。

13 貝果黏上2片愛心彩糖，中間點上黑色巧克力即完成蝴蝶結。

Bagel

浣熊愛花草貝果

數量 ◆ 5個

烘烤 ◆ 180℃烘烤20～25分鐘。

▶ Video 影片

貝果麵團　　　白巧克力
整型燙麵法　　染色法

材 // 料

◆ **前置準備**

貝果基礎麵團1倍（360g）

減少基礎配方的高筋麵粉10g，換成可可粉10g。

燙麵糖水 1倍（1050g）

◆ **熔化非調溫巧克力**

黑色巧克力30g

白色巧克力15g

紅色：白色巧克力10g＋紅色色膏1滴

◆ **其他裝飾**

義大利麵2～3根

白色鈕釦巧克力（非調溫）5顆

綠色翻糖7g

作 // 法

   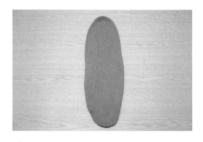

O1 可可麵團進行基礎發酵完成，分割5等份，排氣後收口滾圓。

O2 從5份中各切出5g當作耳朵麵團，麵團分別排氣後收口滾圓。

O3 每份較大的可可麵團分別擀成長約21公分的牛舌狀。

O4 麵團翻面換成橫向，將下端的麵團用手指壓薄。

O5 由上往下，將貝果麵團慢慢捲起。

O6 收口處黏緊後蓋上保鮮膜，鬆弛約10分鐘。

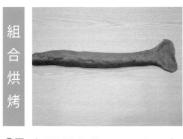

07 麵團搓長約22公分，麵團其中一端擀薄。

08 另一端麵團放在擀薄的上面。

09 收口處黏緊。

10 貝果麵團翻回正面放在烘焙紙上，進行最後發酵20～30分鐘。

11 耳朵麵團分別切成對半。

12 接著整型成三角形，並且稍微壓扁。

13 下端插入義大利麵。

14 耳朵麵團插在貝果左右兩側。

15 再放入沸騰的糖水中，每面煮約20秒鐘即可烘烤，放涼。

16 使用黑色巧克力畫出眼眶範圍。

17 使用白色巧克力畫上內耳和眼白。

18 紅色巧克力畫上腮紅。

19 在白色鈕釦巧克力畫上鼻子和嘴巴。

20 背面周圍沾少許白色巧克力。

21 黏在中間洞的位置。

22 綠色翻糖擀平後，使用葉子壓模做出小葉子。

23 利用牙籤刻出葉脈。

24 黏在頭頂即完成。

Bagel

貓咪女兒節
貝果

難易度

易

★ ☆ ☆

數量 ◆ 5個

烘烤 ◆ 無

▶ **Video** 影片

白巧克力
染色法

巧克力
畫五官

材 // 料

◆ **前置準備**

烤好的原味貝果5個

◆ **熔化非調溫巧克力**

白色巧克力400g

草莓巧克力60g

黑色巧克力35g

藍色：白色巧克力60g＋藍色色膏2滴

黃色：白色巧克力35g＋黃色色膏1滴

◆ **其他裝飾**

烤熟的杏仁果10顆

作 // 法

前置準備

01 烤好的原味貝果放涼。

02 各色巧克力分別隔水加熱熔化。

組合裝飾

03 貝果左右的上方各剪1個小洞。

04 杏仁果尾端沾少許白色巧克力。

05 黏在左右兩端。

06 表面沾裹白色巧克力。

07 放入冰箱冷藏10分鐘讓巧克力凝固。

08 白色巧克力容易透出貝果底色,可沾裹兩次較飽和。

09 使用草莓巧克力在兩側畫上內耳。

10 繼續畫上一半粉紅色衣服,即為女生版。

11 男生版換成藍色巧克力繪製內耳和衣服。

12 在烘焙紙上畫出黑色帽子和黃色皇冠。

13 沾白色巧克力後黏在頭部中間,男版黏帽子、女版黏皇冠。

14 黑色巧克力畫上眼睛、鼻子、嘴巴和鬍鬚。

15 黑色巧克力在男版畫出領帶,黃色巧克力在女版畫出口袋。

16 黃色巧克力在衣服裝飾線條和小圓點即完成。

Bagel

企鵝寶寶貝果

難易度

中

★★☆

▶ Video 影片

貝果麵團　　　白巧克力
整型燙麵法　　染色法

材 // 料

◆ 前置準備

貝果基礎麵團1倍（360g）

燙麵糖水1倍（1050g）

◆ 色粉

紫色：紫薯粉4～5g

黑色：竹炭粉4～5g

◆ 熔化非調溫巧克力

白色巧克力30g

黑色巧克力10g

黃色：白色巧克力15g＋黃色色膏1滴

◆ 其他裝飾

義大利麵2～3根

粉紅色色粉0.1g

作 // 法

01 攪拌好的麵團分割2等份，加入色粉染成紫色和黑色，收口滾圓。

02 進行基礎發酵約1小時，紫色和黑色麵團各分割5等份。

03 再從黑色5份中各取出2g，當作手部麵團，搓成圓形。

04 兩色麵團分別擀成大約9×14公分的長方形。

05 將兩色麵團中間稍微重疊黏在一起。

06 麵團翻面，將下端的麵團用手指壓薄。

07 由上往下，將貝果麵團
慢慢捲起。

08 收口處黏緊，麵團其中
一端擀薄。

09 另一端麵團放在擀薄的
上面，收口處黏緊。

10 貝果麵團翻回正面放在
烘焙紙上，進行最後發
酵20～30分鐘。

11 耳朵麵團分別切對半。

12 整型成水滴狀。

13 下端插入義大利麵，即
為企鵝手部。

14 手部麵團插在左右兩側。

15 再放入沸騰的糖水中，
每面煮約20秒鐘即可烘
烤，放涼。

裝飾完成

16 使用白色巧克力畫出眼
眶範圍。

17 黃色巧克力畫上腳丫子
和嘴巴，黑色巧克力畫
上眼睛。

18 小筆刷沾粉紅色色粉，
畫上腮紅即完成。

Bagel 🍃

萌萌海豹貝果

▶ Video 影片

白巧克力
染色法

數量 ◆ 5個

烘烤 ◆ 無

難易度

易

★ ☆ ☆

材 // 料

◆ **前置準備**
烤好的原味貝果5個

◆ **熔化非調溫巧克力**
白色巧克力400g

黑色巧克力20g
草莓巧克力10g
紅色：白色巧克力10g＋紅色色膏1滴

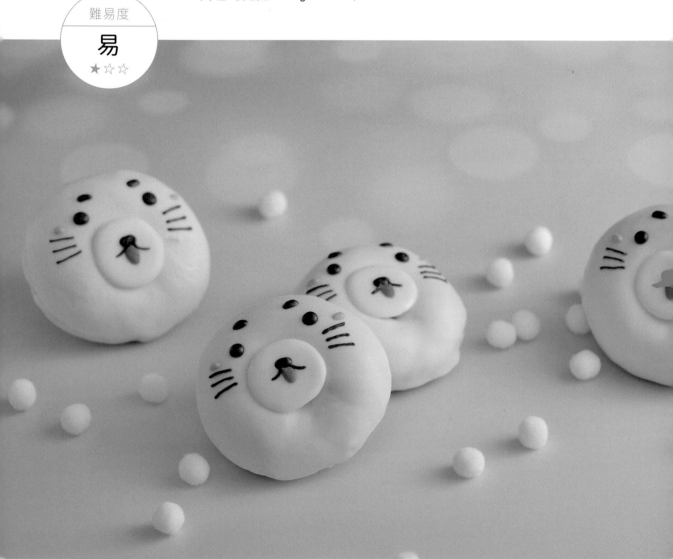

作 // 法

前置準備

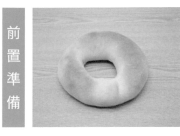

O1 烤好的原味貝果放涼。

O2 各色巧克力分別隔水加熱熔化。

組合裝飾

O3 表面沾裹白色巧克力，放入冰箱冷藏10分鐘讓巧克力凝固。

O4 白色巧克力容易透出底色，沾裹兩次較飽和。

O5 湯匙取適量白色巧克力在烘焙紙上，從中間慢慢擴散。

O6 依據貝果中間洞的大小製作海豹的鼻子。

O7 背面周圍沾少許白色巧克力，黏在貝果中間洞的位置。

O8 使用巧克力畫上黑色鼻子、紅色嘴巴。

O9 黑色巧克力畫上眼睛和眉毛，左右各畫上鬍鬚。

10 草莓巧克力畫上腮紅即完成。

▶ Video 影片

巧克力
畫五官

無尾熊芝麻貝果

Bagel 🌿

難易度

易

★ ☆ ☆

數量 ◆ 5個

烘烤 ◆ 180℃烘烤20 ～ 25分鐘。

材 // 料

◆ **前置準備**

貝果基礎麵團1倍（360g）

減少基礎配方的高筋麵粉10g，換成芝麻粉10g。

燙麵糖水 1倍（1050g）

◆ **熔化非調溫巧克力**

芝麻巧克力：白色巧克力400g＋芝麻粉20g

白色巧克力15g

黑色巧克力15g

紅色：白色巧克力10g＋紅色色膏1滴

◆ **其他裝飾**

烤熟的杏仁果5顆

黑色鈕釦巧克力（非調溫）10顆

作 // 法

分割擀長

01 芝麻麵團進行基礎發酵完成，分割5等份，排氣後收口滾圓。

02 每份麵團分別擀成長約21公分的牛舌狀。

▶ **Video 影片**

貝果麵團
整型燙麵法

組合烘烤

03 麵團翻面換成橫向，將下端的麵團用手指壓薄。

04 由上往下，將貝果麵團慢慢捲起。

05 收口處黏緊。

組合烘烤

06 蓋上保鮮膜，麵團鬆弛約10分鐘。

07 麵團搓長約22公分。

08 麵團其中一端擀薄。

09 另一端麵團放在擀薄的上面。

10 收口處黏緊。

11 貝果麵團翻回正面放在烘焙紙上，進行最後發酵20～30分鐘。

12 再放入沸騰的糖水中，每面煮約20秒鐘即可烘烤，放涼。

裝飾完成

13 白色巧克力400g熔化後，加入芝麻粉拌勻。

14 麵團表面沾裹適量芝麻巧克力，放入冰箱冷藏10分鐘讓巧克力凝固。

15 準備黑色鈕釦巧克力和烤熟的杏仁果。

16 黑色鈕釦巧克力沾裹芝麻巧克力，當作耳朵。

17 放置烘焙紙上，放入冰箱冷藏10分鐘讓巧克力凝固。

18 用剪刀在左右兩側剪出小洞。

19 耳朵沾少許芝麻巧克力黏上。

20 杏仁果一面沾少許芝麻巧克力。

21 黏在中間當作鼻子。

22 白色巧克力在兩側耳朵畫上內耳。

▶ Video 影片

白巧克力
染色法

23 畫上眼睛和腮紅即完成。

愛心貝果棒

Bagel 🌿

難易度

易

★ ☆ ☆

▶ Video 影片

數量 ◆ 5個

烘烤 ◆ 180℃烘烤20～25分鐘。

材 // 料

◆ 前置準備

貝果基礎麵團1倍（360g）

減少基礎配方的高筋麵粉5g，換成草莓粉5g。

燙麵糖水1倍（1050g）

◆ 熔化非調溫巧克力

黑色巧克力40g

◆ 其他裝飾

白色翻糖15g

黃色翻糖3g

竹棒5支

貝果
基礎麵團

麵團
分割和滾圓

作 // 法

分割擀長

01 草莓麵團進行基礎發酵完成，分割5等份，排氣後收口滾圓。

02 每份麵團分別擀成長約21公分的牛舌狀。

組合烘烤

03 草莓麵團翻面換成橫向，將下端的麵團用手指壓薄。

04 由上往下，將貝果麵團慢慢捲起。

05 收口處黏緊後蓋上保鮮膜，鬆弛約10分鐘。

06 麵團放成直向，擀成寬約3公   07 麵團下方約3公分處放上竹棒。
分的長條。

08 麵團由上往下折。   09 下端麵團留2～3公分，   10 切痕和麵團形成Y字形。
從中間對切一半。

11 切開處翻回正面。   12 左右都翻回正面。   13 竹棒側邊的麵團黏緊。

14 放在烘焙紙，進行最後發酵20～30分鐘。

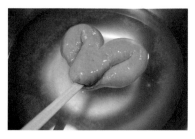

15 再放入沸騰的糖水中，每面煮約20秒鐘即可烘烤，放涼。

16 黑色巧克力擠入英文矽膠膜內。

17 放入冰箱冷藏至變硬，即可取出英文字母。

18 英文字母沾少許黑色巧克力，黏在放涼的愛心貝果上。

19 白色翻糖擀平後，利用壓模做出小白花。

20 沾少許巧克力後，黏在愛心貝果側邊。

21 黃色翻糖搓成小圓，黏上花蕊即完成。

Bagel 🌿

小熊早餐貝果

難易度

易

★☆☆

▶ Video 影片

貝果麵團
整型燙麵法

竹炭粉調水
畫五官

材 // 料

◆ **前置準備**
貝果基礎麵團1倍（360g）
燙麵糖水 1倍（1050g）

◆ **其他裝飾**
義大利麵2根
竹炭粉調水：竹炭粉2g＋
25℃常溫開水2g

◆ **夾餡**
炒蛋2個量
煎好的火腿片5片
小黃瓜絲1條（100g）

作 // 法

分割擀長

O1 麵團進行基礎發酵完
成，分割5等份，排氣
後收口滾圓。

O2 每份再切出2g麵團當
作耳朵，收成圓形。

O3 每份麵團分別擀成長約
21公分的牛舌狀。

組合烘烤

O4 麵團翻面換成橫向，將
下端的麵團用手指壓薄。

O5 由上往下，將貝果麵團
慢慢捲起。

O6 收口處黏緊後蓋上保鮮
膜，鬆弛約10分鐘。

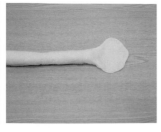

07 麵團搓長約22公分，麵團其中一端擀薄。

08 另一端麵團放在擀薄的上面，收口處黏緊。

09 貝果麵團翻回正面放在烘焙紙上，進行最後發酵20～30分鐘。

10 貝果麵團放入沸騰的糖水中，每面煮約20秒鐘，瀝乾放入烤盤。

11 耳朵麵團對切一半後搓圓，放置作法10烤盤上即可烘烤，放涼。

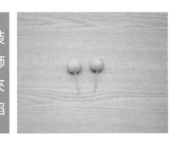

12 耳朵麵團插入義大利麵。

13 插在貝果正面的上端兩側，形成耳朵。

14 直徑約1.5公分的圓形壓模在起司片上，壓出5個做熊鼻子。

15 起司片背部沾少許巧克力，黏在貝果中間。

16 竹炭粉調水畫上眼睛、鼻子和嘴巴。

17 放涼的貝果從中間剖開。

18 夾上內餡即完成。

Bagel

看見彩虹
貝果

難易度

易

★☆☆

數量	◆	6個

▶ Video 影片

烘烤	◆	180℃烘烤20～25分鐘。

麵團
染色法

麵團
分割和滾圓

材 // 料

◆ 前置準備

貝果基礎麵團1.3倍（468g）

燙麵糖水 1倍（1050g）

◆ 色粉

粉紅色：草莓粉1g

橘色：金黃起司粉1.5g

黃色：南瓜粉2～3g

綠色：菠菜粉1.5g

藍色：梔子藍色粉1g

紫色：紫薯粉1g

◆ 夾餡

奶油起司醬120g

彩色糖珠10g

作 // 法

分割滾圓

組合烘烤

O1 攪拌好的貝果麵團分割成6等份。

O2 分別染成粉紅、橘、黃、綠、藍、紫色，滾圓後基礎發酵約1小時。

O3 粉紅色麵團敲扁。

O4 擀成約12×24公分，其他顏色麵團重複作法3～4。

O5 粉紅色麵團翻面，將擀好的橘色麵團黏在一起。

O6 依序疊上其他顏色麵皮，先疊上黃色。

07 疊上綠色麵皮。

08 再疊上藍色、紫色。

09 分割成6等份。

10 扭曲麵團讓顏色較均勻。

11 麵團搓長約22公分。

12 麵團其中一端擀薄。

13 另一端麵團放在擀薄的
上面,收口處黏緊。

14 貝果麵團翻回正面放在
烘焙紙上,進行最後發
酵20～30分鐘。

15 再放入沸騰的糖水中,
每面煮約20秒鐘即可烘
烤,放涼。

夾餡完成

16 放涼的貝果從中間剖開。

17 抹上20g奶油起司醬。

18 撒上彩色糖珠裝飾即可。

Chapter

3

魅力無限
「菠蘿麵包」

這款麵團和其他單元麵團的製程最大不同，
即奶油和牛奶先一起熔化後加入麵粉中，
有別於其他單元麵團的奶油是後面加入，
所以菠蘿麵包的組織較紮實，
才能撐起表層的菠蘿皮！

菠蘿麵包 基礎麵團

▶ Video

菠蘿麵包
基礎麵團

重 // 量

285g

材 // 料

無鹽奶油	18g
牛奶	105g
細砂糖	15g
鹽	1g
高糖速發酵母	2g
高筋麵粉	150g

作 // 法

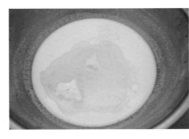

01 奶油和牛奶一起小火加熱至40～45℃。

02 加入細砂糖和鹽，拌勻。

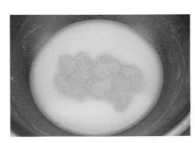

03 加入高糖速發酵母。

04 攪拌至無酵母顆粒。

05 加入高筋麵粉。

06 混合攪拌麵粉至無乾粉。

07 再倒入攪拌機，也可用
手揉但比較費力。

08 機器開中高速或中速，
攪打至出現薄膜。

09 整理麵團表面，收口滾
圓成球狀。

10 放入抹油的鋼盆內基礎
發酵，蓋上保鮮膜，室
溫28℃約1小時。

11 麵團基礎發酵至2倍大
左右，表面戳洞不會回
縮即可。

12 捶打麵團排氣後，收口
捏緊滾圓即可分割使用。

重 // 量
210ɢ

材 // 料

無鹽奶油	35g
糖粉	50g
全蛋	25g
低筋麵粉	110g

作 // 法

01 奶油放置常溫28℃，軟化到能按壓下去。

02 糖粉過篩於奶油中，機器開慢速攪拌，不需要打發，只要拌至無糖粉即停手。

03 全蛋分兩次慢慢加入奶油糊中，攪拌至蛋液完全吸收。

04 低筋麵粉過篩於蛋糊中，混合攪拌。

▶ Video

菠蘿皮
製作

05 攪拌至無乾粉即可，後續依照需求進行染色。

06 如果麵團太軟不好操作，可冷藏30分鐘再使用。

數量	◆	5個
烘烤	◆	160℃先烘烤15分鐘，降溫至 140℃再烘烤15分鐘。

▶ Video 影片

麵團
分割和滾圓

材 // 料

◆ 前置準備

菠蘿麵包基礎麵團1倍（285g）
菠蘿皮1.1倍（215g）

◆ 菠蘿皮染色

白色：菠蘿皮170g＋白色色膏5～6滴
黑色：菠蘿皮35g＋竹炭粉2g
膚色：菠蘿皮5g＋橘色色膏1滴
黃色：菠蘿皮5g＋黃色色膏1滴

作 // 法

<table>
<tr><td rowspan="2">分割滾圓</td><td></td><td></td><td></td></tr>
<tr><td>O1 麵團基礎發酵完成，分割5等份。</td><td>O2 每份麵團拍扁排氣後，收口滾圓。</td><td></td></tr>
</table>

<table>
<tr><td rowspan="2">組合烘烤</td><td></td><td></td><td></td></tr>
<tr><td>O3 菠蘿皮分別依照需要的克數和顏色準備。</td><td>O4 取30g白色菠蘿皮，用擀麵棍擀成10～10.5公分的圓形。</td><td>O5 包覆在麵團上，多餘的麵團往後折。</td></tr>
</table>

O6 整型成圓球狀,蓋上保鮮膜進行最後發酵20～30分鐘。

O7 取少許黑色菠蘿皮,壓扁後不規則排列黏上。

O8 形成乳牛斑紋。

O9 取4g白色菠蘿皮做臉部,整型成水滴狀。

10 取1g膚色菠蘿皮,壓扁後黏在臉部下端。

11 臉部黏在麵團的正中間。

12 黑色菠蘿皮和白色菠蘿皮各1g,搓成水滴狀耳朵後黏上。

13 取1g黃色菠蘿皮,分成2個水滴狀黏在頭部。

14 黏上眼睛和鼻孔即完成1個,全部組合完成後進行烘烤。

Pineapple Bread

小花園
菠蘿麵包

難易度

易

★ ☆ ☆

數量	◆	5個
烘烤	◆	160℃先烘烤15分鐘，降溫至140℃再烘烤15分鐘。

▶ Video 影片

麵團
分割和滾圓

材 // 料

◆ 前置準備

菠蘿麵包基礎麵團1倍（285g）

菠蘿皮1倍（210g）

◆ 菠蘿皮染色

紫色：菠蘿皮75g＋紫薯粉2～3g

粉紅色：菠蘿皮75g＋草莓粉2～3g

淺粉紅：菠蘿皮25g＋草莓粉1g

黃色：菠蘿皮15g＋南瓜粉1g

綠色：菠蘿皮10g＋菠菜粉1g

白色：菠蘿皮10g＋白色色膏2滴

◆ 其他裝飾

細砂糖100g

作 // 法

分割滾圓

O1 麵團基礎發酵完成，分割5等份。

O2 每份麵團拍扁排氣後，收口滾圓。

組合烘烤

O3 菠蘿皮染成紫色、粉紅色、淺粉紅、黃色、綠色和白色。

O4 菠蘿皮分別擀薄，準備花朵壓模。

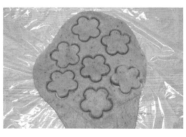

O5 壓出不同顏色小花，並搓出數個小圓當作花蕊。

O6 將不同顏色的小花菠蘿皮黏在麵團上。

O7 小花黏滿整個麵團，並黏上花蕊。

O8 空隙地方可用綠色麵團黏，利用牙籤做出葉脈。

O9 表面沾滿細砂糖，全部組合完成，最後發酵20～30分鐘和烘烤。

Pineapple Bread

西瓜
菠蘿麵包

難易度

易
★☆☆

数量 ◆ 5個

烘烤 ◆ 160℃先烘烤15分鐘，降溫至
140℃再烘烤15分鐘。

▶ Video 影片

麵團
染色法

麵團
分割和滾圓

材 // 料

◆ 前置準備

菠蘿麵包基礎麵團1倍（285g）

菠蘿皮0.9倍（175g）

◆ 麵團染色

紅色：菠蘿麵包基礎麵團285g＋紅麴粉3～
4g＋耐烤水滴巧克力（非調溫）20g

◆ 菠蘿皮染色

淺綠色：菠蘿皮150g＋綠色色膏3滴＋黃
色色膏3滴

深綠色：菠蘿皮25g＋綠色色膏4～5滴＋
竹炭粉0.2g

◆ 其他裝飾

細砂糖100g

作 // 法

01 麵團配方和紅麴粉攪拌
完成，加入水滴巧克力，
拌勻。

02 麵團底部收口滾圓。

03 麵團放置容器內，蓋上
保鮮膜，進行基礎發酵
約1小時。

04 發酵完成後分成5份。

05 每份麵團拍扁排氣後，
收口滾圓。

06　準備已滾圓的麵團。

07　菠蘿皮分別染出淺綠色
　　和深綠色。

08　淺綠色菠蘿皮擀成直徑
　　約10公分的圓形。

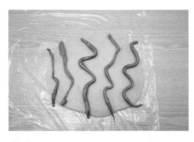

09　深綠色菠蘿皮搓成細長
　　條狀，不規則放在淺綠
　　色麵皮上。

10　蓋上保鮮膜，用擀麵棍
　　輕輕擀。

11　擀平更黏合。

12　覆蓋在作法6的紅麴麵
　　團上。

13　多餘的麵團包覆在背部。

14　整型成圓球狀。

15　使用切割板在表面輕輕
　　切出格子狀。

16　格子紋路完成。

17　表面沾滿細砂糖，全部組
　　合完成，最後發酵20～
　　30分鐘和烘烤。

害羞刺蝟
菠蘿麵包

難易度

易

★☆☆

數量	✦	5個

烘烤	✦	160℃先烘烤15分鐘，降溫至140℃再烘烤15分鐘。

材 // 料

✦ 前置準備
菠蘿麵包基礎麵團1倍（285g）
菠蘿皮0.8倍（150g）

✦ 菠蘿皮染色
褐色：菠蘿皮150g＋可可粉5g

✦ 熔化非調溫巧克力
黑色巧克力15g

✦ 其他裝飾
白色鈕釦巧克力（非調溫）5顆
粉紅色色粉0.1g

作 // 法

分割滾圓

O1 麵團基礎發酵完成，切出10g，剩餘的麵團分割5等份。

O2 每份麵團拍扁排氣後，收口滾圓。

組合烘烤

O3 菠蘿皮染成褐色後分割5等份，每份擀成10～10.5公分的圓形。

O4 用切割板切齊一邊。

O5 包覆在麵團上方。

O6 多餘的麵團往後折。

07 整型成球狀，蓋上保鮮膜後，進行最後發酵20～30分鐘。

08 將作法1預留的10g麵團分5份，每份切4顆。

09 每顆搓圓，分別黏在耳朵和手部位置。

10 使用剪刀均勻剪出刺蝟的毛，全部組合完成即可烘烤，放涼。

裝飾完成

11 白色鈕釦巧克力沾少許熔化的黑色巧克力黏上。

12 使用黑色巧克力畫上眼睛和嘴巴。

13 小筆刷沾少許粉紅色色粉，畫上腮紅即完成。

▶ Video 影片

麵團
分割和滾圓

巧克力
畫五官

炸蝦菠蘿麵包

數量 ◆ 10個

烘烤 ◆ 160℃先烘烤15分鐘，降溫至140℃再烘烤15分鐘。

材 // 料

◆ **前置準備**
菠蘿麵包基礎麵團1倍（285g）
菠蘿皮1倍（210g）

◆ **菠蘿皮染色**
黃褐色：菠蘿皮175g＋可可粉3g＋黃色色膏5～6滴
紅色：菠蘿皮35g＋紅色色膏3～4滴

◆ **其他裝飾**
烤熟的杏仁角40g

作 // 法

分割滾圓

▶ Video 影片

麵團
分割和滾圓

O1 麵團基礎發酵完成，切出25g麵團當尾巴，收口後滾圓。

O2 剩餘的麵團分割10等份當炸蝦的身體，每份排氣後收口滾圓。

03 尾巴麵團分成20份。

04 身體麵團擀成10×6公分的長方形。

05 將麵團翻面後,上下往內折。

06 接縫處黏緊收口。

07 收口朝下,蓋上保鮮膜後發酵約15分鐘。

08 尾巴麵團搓成水滴狀,發酵約10分鐘。

09 黃褐色菠蘿皮分成10份;紅色菠蘿皮分成20份,滾圓。

10 黃褐色菠蘿皮隔著保鮮膜擀製。

11 擀成長度約9公分。

12 披覆在身體麵團上。

13 多餘的麵團包覆在背部，
整型成水滴狀。

14 紅色菠蘿皮壓扁。

15 包覆在尾巴麵團上。

16 整型成水滴狀，全部組
合完成。

17 麵團進行最後發酵20～
30分鐘，表面噴上水。

18 均勻撒上杏仁角。

19 黏上紅色尾巴即可烘烤，
烤好後取出放涼。

Pineapple Bread

紅色瓢蟲
菠蘿麵包

難易度

易
★☆☆

數量 ◆	5個
烘烤 ◆	160℃先烘烤15分鐘，降溫至 140℃再烘烤15分鐘。

▶ Video 影片

麵團
分割和滾圓

巧克力
畫五官

材 // 料

◆ 前置準備

菠蘿麵包基礎麵團1倍（285g）

菠蘿皮1.1倍（215g）

◆ 菠蘿皮染色

紅色：菠蘿皮175g＋紅色色膏10 ～ 12滴

黑色：菠蘿皮40g＋竹炭粉2g

◆ 熔化非調溫巧克力

白色巧克力15g

◆ 其他裝飾

細砂糖100g

眼睛彩糖10顆

義大利麵2 ～ 3根

作 // 法

分割滾圓

01 麵團基礎發酵完成，分 割5等份。

02 每份麵團拍扁排氣後， 收口滾圓。

組合烘烤

03 菠蘿皮染成紅色和黑色。

04 取5g黑色菠蘿皮擀成 長度7 ～ 7.5公分。

05 包覆在麵團的前端。

06 取35g紅色菠蘿皮擀成 直徑10 ～ 10.5公分的 圓形。

07 前端用切割板稍微切成圓弧狀。

08 包覆在麵團上方。

09 多餘的麵團往後折。

10 整型成圓球狀。

11 取3g黑色菠蘿皮分小顆，搓圓後黏於紅色菠蘿皮。

12 壓扁形成許多小圓點。

13 表面沾上細砂糖，全部組合完成，最後發酵20～30分鐘和烘烤。

14 眼睛彩糖沾少許白色巧克力，黏在放涼的菠蘿麵包上。

15 白色巧克力畫上嘴巴。

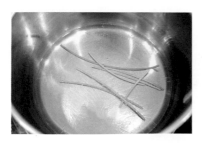

16 義大利麵高溫油炸到淡褐色，撈起後放涼。

17 折成小段，插在頭部左右形成觸角即完成。

Pineapple Bread

羊咩咩
菠蘿麵包

難易度

易

★☆☆

烘烤	◆	160℃先烘烤15分鐘，降溫至140℃再烘烤15分鐘。

羊咩咩菠蘿
麵包教學

材 // 料

◆ **前置準備**
菠蘿麵包基礎麵團1倍（285g）
菠蘿皮0.6倍（125g）

◆ **菠蘿皮染色**
黃色：菠蘿皮100g＋黃色色膏4～5滴
褐色：菠蘿皮25g＋可可粉0.5g

◆ **熔化非調溫巧克力**
白色巧克力10g

◆ **其他裝飾**
細砂糖60g
粉紅色色粉0.1g
竹炭粉調水：竹炭粉2g＋25℃常溫開水2g

作 // 法

分割滾圓

O1 麵團基礎發酵完成，分割5等份。

O2 每份麵團拍扁排氣後，收口滾圓。

組合烘烤

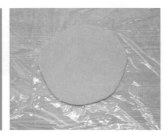

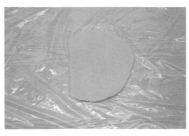

O3 黃色菠蘿皮分成20g×5顆，擀成直徑大約10～10.5公分的圓形。

O4 用切割板切齊一邊。

O5 覆蓋在麵團上方。

06 多餘的麵團往後折。

07 整型成圓球狀。

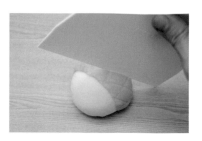

08 用切割板在表面切出格子狀。

09 表面沾滿細砂糖。

10 進行最後發酵20～30分鐘。

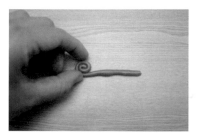

11 褐色菠蘿皮分成2.5g×10顆，搓長約8公分後捲起。

12 和菠蘿皮麵團一起放置烤盤上，烘烤後放涼。

裝飾完成

13 褐色菠蘿皮抹上少許白色巧克力。

14 黏在臉部的左右兩端成為耳朵。

15 用調勻的竹炭粉調水畫上嘴巴。

16 使用牙籤畫出眼睛。

17 小筆刷沾粉紅色色粉，畫上腮紅即完成。

粽子寶寶
菠蘿麵包

難易度

易

★☆☆

數量 ◆ 5個

烘烤 ◆ 160℃先烘烤15分鐘，降溫至140℃再烘烤15分鐘。

▶ Video 影片

麵團
分割和滾圓

竹炭粉調水
畫五官

材 ∥ 料

◆ **前置準備**

菠蘿麵包基礎麵團1倍（285g）

菠蘿皮0.8倍（165g）

◆ **菠蘿皮染色**

綠色：菠蘿皮125g＋綠色色膏4～5滴

黃色：菠蘿皮40g＋黃色色膏2～3滴

◆ **熔化非調溫巧克力**

白色巧克力10g

◆ **其他裝飾**

竹炭粉調水：竹炭粉2g＋25℃常溫開水2g

紅色蝴蝶結彩糖5顆

粉紅色色粉0.1g

作 ∥ 法

分割滾圓

組合烘烤

O1 麵團基礎發酵完成，分割5等份。

O2 每份麵團拍扁排氣後，收口滾圓。

O3 麵團擀成直徑約11公分的圓形。

O4 麵團翻面後，將左右兩側往內折。

O5 下端往上折，三角接縫處黏緊。

O6 麵團翻回正面整型成三角形，最後發酵20～30分鐘。

07 綠色菠蘿皮分成12.5g×10顆，分別擀成長度約8公分。

08 綠色菠蘿皮放置在發酵好的麵團一端。

09 另一端的作法相同，將多餘麵團往後折。

10 用切割板在綠色菠蘿皮上切出葉子紋路。

11 取4g黃色菠蘿皮，搓成細長條放在綠色葉子上。

12 多餘的菠蘿皮往後折，即為黃色緞帶。

13 黃色菠蘿皮填入蝴蝶結矽膠模，做出黃色蝴蝶結5個。

14 黏在緞帶正中間，即可進行烘烤後放涼。

15 用拌勻的竹炭粉調水畫上嘴巴和眼睛。

16 小筆刷沾粉紅色色粉，畫上腮紅即完成。

17 蝴蝶結彩糖沾少許白色巧克力黏在臉下方，做成男版粽子。

18 蝴蝶結彩糖沾少許白色巧克力黏在頭上，做成女版粽子。

Pineapple Bread

點點蘑菇
菠蘿麵包

數量	◆	5個

▶ Video 影片

烘烤	◆	160℃先烘烤15分鐘，降溫至 140℃再烘烤15分鐘。

白巧克力
染色法

巧克力
畫五官

材 // 料

◆ 前置準備

菠蘿麵包基礎麵團1倍
（285g）
菠蘿皮1.4倍（275g）

◆ 菠蘿皮染色

紅色：菠蘿皮250g＋紅色
色膏8～10滴

白色：菠蘿皮25g＋白色
色膏2～3滴

◆ 熔化非調溫巧克力

黑色巧克力15g

紅色：白色巧克力10g＋
紅色色膏1滴

作 // 法

分割滾圓

O1 麵團基礎發酵完成，分
割5等份。

O2 每份麵團拍扁排氣後，
收口滾圓。

組合烘烤

O3 馬芬烤模抹油，撒上高
筋麵粉防止沾黏。

O4 麵團放置烤模內，進行
最後發酵20～30分鐘。

O5 紅色菠蘿皮分成50g×
5顆，滾圓後放在保鮮
膜上方。

O6 表面蓋上保鮮膜。

O7 擀麵棍擀成直徑約9公分的圓形。

O8 等待菠蘿麵團發酵至烤模約8分滿。

O9 表面噴少許水。

10 將紅色菠蘿皮覆蓋在基礎麵團上方。

11 白色菠蘿皮擀成直徑約9公分的圓形。

12 使用直徑約1公分壓模做出小圓點。

13 均勻黏貼在紅色菠蘿皮表面。

14 全部蘑菇麵包黏貼完成，即可進行烘烤。

15 麵包放涼後再脫模，避免菠蘿皮太軟變形。

裝飾完成

16 黑色巧克力畫上眼睛。

17 紅色巧克力畫上腮紅和嘴巴即完成。

Chapter

4

人氣超萌「吐司」

為了讓吐司麵團的組織更柔軟，
所以配方中添加雞蛋，也能增加香氣，
並且讓麵團在模具內烘烤的膨脹效果更好，
烘烤完成的麵包好吃又有彈性！

吐司基礎麵團

▶ Video

吐司
基礎麵團

重 // 量

360g

材 // 料

高筋麵粉	200g
水	100 ～ 105g
高糖速發酵母	3g
全蛋	20g
細砂糖	20g
鹽	3g
無鹽奶油	20g

作 // 法

01 除了奶油外，所有材料放入攪拌缸，機器開中速，攪拌至稍微出現薄膜。

02 加入軟化的奶油，繼續用中速攪拌。

03 麵團攪打至光亮不黏缸，並且出現彈性薄膜，整理麵團表面，收口滾圓成球狀。

04 放入抹油的鋼盆內，蓋上保鮮膜基礎發酵，室溫28℃約1小時。

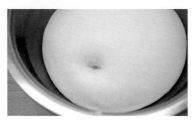

05 麵團基礎發酵至 2.5 倍大左右，表面戳洞不會回縮即可。

06 拍扁麵團進行排氣後，即可分割使用。

大眼青蛙吐司

| 數量 | ◆ | 12兩吐司模1個 |
| 烘烤 | ◆ | 上火180℃、下火220℃，
烘烤25～30分鐘。 |

▶ Video 影片

麵團　　　麵團
染色法　　分割和滾圓

材 // 料

◆ 前置準備

吐司基礎麵團1.6倍（550g）

分割2等份，每份275g。

取1份染成綠色：基礎麵團配方加入抹茶粉或菠菜粉5g。

◆ 色粉

紅色：紅麴粉1g

黑色：竹炭粉1.5g

作 // 法

分割滾圓

O1 白色麵團、綠色麵團收口滾圓，進行基礎發酵約1小時。

O2 麵團發酵完成再切出白色10g、綠色30g，分別滾圓。

O3 切出的白色10g和紅麴粉染成紅色，綠色30g和竹炭粉染成黑色，分別滾圓。

O4 白色麵團分成5g×2顆、20g×3顆、剩餘白色分成2顆。

O5 綠色麵團分成10g×5顆、20g×2顆、100g×1顆、剩餘×1顆。

O6 紅色麵團分成5g×2顆，黑色分成10g×3顆。

07 黑色麵團10g×1顆、綠色麵團10g×1顆,分別搓長約15公分。

08 用手指將綠色麵團壓扁。

09 黑色麵團壓扁,寬度稍微大於綠色。

10 綠色麵團放置黑色麵團上方。

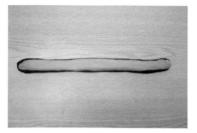

11 黑色多出的地方黏緊綠色兩側。

12 另外綠色麵團10g×4顆,分別搓長約15公分。

13 紅色5g×2顆分別搓長約15公分。

14 綠色100g×1顆擀成約10×15公分的長方形。

15 麵團放成橫向,將作法11長條麵團放置正中間。

16 左右兩側各放一條作法12綠色麵團。

17 作法13紅色麵團放在綠色的左右兩側。

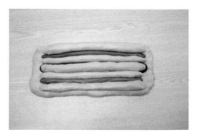

18 最外側放上另外兩條作法12綠色麵團。

19 剩餘1顆綠色麵團擀成約10×15公分，和作法18麵皮尺寸接近。

20 放在有綠紅長條麵團的上方。

21 兩側接縫處黏緊。

22 白色20g×3顆分別搓長約15公分。

23 黑色10g×2顆、白色色5g×2顆，分別搓長約15公分。

24 用手指將黑色麵團壓扁。

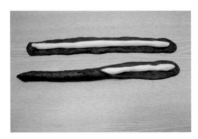

25 搓長的白色麵團放在黑色上方。

26 將白色麵團包覆在黑色裡面。

27 收口處黏緊。

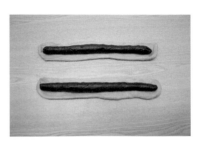

28 綠色20g×2顆分別搓長約12公分。

29 壓扁成約4×15公分。

30 將作法27的長條麵團放置上方。

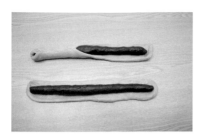

31 包覆在綠色裡面。

32 收口處黏緊。

33 取一條作法22白色麵團，放在作法21長方形綠色麵團的中間。

34 作法32綠色麵團放置左右兩側。

35 另外兩條作法22白色麵團放在最外兩側。

36 剩餘2顆白色麵團，分別擀成和作法35接近尺寸的長方形。

37 一片黏在最底部。

38 另一片白色黏在最上方。

39 接著小心放入12兩吐司模的中間。

40 進行最後發酵，麵團至吐司模約8分滿。

烘烤完成

41 蓋上吐司模的蓋子，即可進行烘烤。

42 烤好後取出，立刻脫模並放置涼架上冷卻。

小花插畫吐司

數量 ◆ 圓柱吐司模 1 個

烘烤 ◆ 上火180℃、下火220℃，烘烤25～30
分鐘。

材 // 料

◆ 前置準備

吐司基礎麵團1.1倍
（396g）

◆ 色粉

紅色：紅麴粉 2 ～ 3g
黃色：南瓜粉 1 ～ 2g
黑色：竹炭粉 1g

難易度

中

★★☆

作 // 法

分割滾圓

O1 麵團染色：20g 黃色、9g 黑色、150g 紅色、剩餘是白色，基礎發酵約1小時。

O2 分割白色4g×5顆、白色12g×1顆、黃色20g×1顆、黑色6g×1顆、黑色3g×1顆、紅色30g×5顆、剩餘白色麵團1顆。

組合疊起

O3 黑色3g×1顆搓長約15公分。

O4 黃色20g×1顆擀成約3×15公分。

O5 作法3黑色麵團放置黃色麵皮中間。

O6 包覆在黃色裡面。

O7 收口處黏緊。

▶ Video 影片

麵團
染色法

O8 白色4g×5顆分別搓長約15公分。

O9 上端壓扁形成三角錐狀。

麵團
分割和滾圓

10 白色12g×1顆擀成約4×15公分。

11 黑色6g×1顆搓長約15公分。

12 用手指壓扁。

13 放置作法10白色麵皮上方。

14 包覆在白色裡面。

15 收口處黏緊。

16 紅色30g×1顆擀成約7×15公分。

17 紅色麵團翻面,將下端的麵團用手指壓薄。

18 由上往下輕輕捲起。

19 收口處黏緊。

20 剩餘紅色30g×4顆,重複作法16～19。

21 以作法7黃色當中心點,取一條作法20紅色黏上,取一條作法9白色尖端朝下,黏在黃紅中間。

22 旁邊再黏上一條作法20紅色。

23 依序重複作法21～22將紅色繞一圈。

24 在最上端的白色麵團旁黏上作法15白色。

25 剩餘白色麵團1顆擀成約17×25公分的長方形麵皮。

26 將作法24疊好的麵團放置中間。

27 包覆在白色麵皮裡面。

28 收口處黏緊。

29 放入圓柱吐司模內。

30 進行最後發酵,麵團至吐司模約8分滿。

烘烤完成

31 蓋上吐司模的蓋子,進行烘烤。

32 烤好後取出,立刻脫模並放置涼架冷卻即可。

粉紅豬吐司

數量　◆　貓咪吐司模1個

烘烤　◆　上火180℃、下火220℃，烘烤25～30分鐘。

難易度

中

★★☆

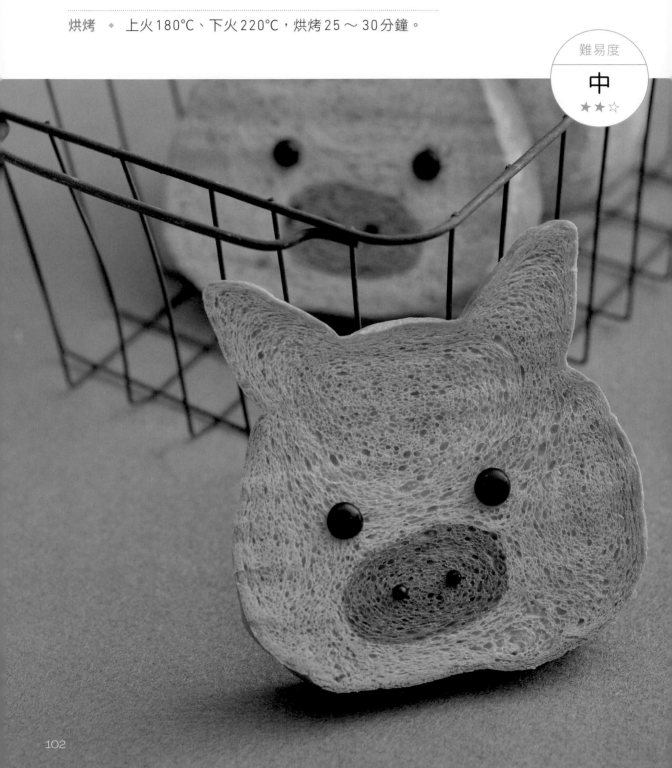

材 // 料

◆ **前置準備**

吐司基礎麵團1倍（360g）

基礎麵團配方加入草莓粉2g，一起拌勻成粉紅色。

◆ **色粉**

紅色：紅麴粉2g

◆ **熔化非調溫巧克力**

黑色巧克力15g

▶ Video 影片

麵團染色法

作 // 法

分割滾圓

01 攪拌好的粉紅色麵團切出30g，分別排氣後收口滾圓。

02 將30g麵團加入紅麴粉染成紅色，兩色麵團基礎發酵約1小時。

03 粉紅色分成15g×1顆、25g×2顆、40g×2顆、55g×1顆、剩餘×1顆。

組合疊起

04 紅色麵團擀長約20公分。

05 麵團翻面，將下端的麵團用手指壓薄。

06 由上往下輕輕捲起。

07 收口處黏緊。

08 輕壓麵團兩端。

09 將15g的粉紅色麵團擀長，比作法8長。

10 作法8紅色放置粉紅色 上方。

11 將粉紅色麵團包覆。

12 收口處黏緊。

13 其餘的所有粉紅色麵團，同作法4～7完成一次擀捲。

14 其中粉紅色40g×2顆、剩餘麵團×1顆需要擀捲兩次。

15 麵團轉成直式後擀長，如果不好擀可以先鬆弛10分鐘。

16 麵團翻面，將下端的麵團用手指壓薄。

17 由上往下輕輕捲起。

18 收口處黏緊。

19 擀捲好的25g麵團放在貓咪吐司模的耳朵兩端。

20 中間放上擀捲兩次的剩餘麵團。

21 下端放上作法12的兩色麵團。

22 最下端放入擀捲一次的55g麵團。

23 左右側空隙放入擀捲兩次的40g麵團。

24 進行最後發酵，麵團至吐司模約8分滿。

烘烤裝飾

25 蓋上吐司模的蓋子，即可進行烘烤。

26 烤好立刻脫模，放置涼架上冷卻，即可切片。

27 在紅色處用黑色巧克力畫上鼻孔。

28 左右兩端畫上眼睛即完成粉紅豬吐司。

▶ Video 影片

巧克力
畫五官

柯基屁屁吐司

數量 ◆ 貓咪吐司模1個

烘烤 ◆ 上火180℃、下火220℃，
烘烤25～30分鐘。

▶ Video 影片

麵團
染色法

難易度

中
★★☆

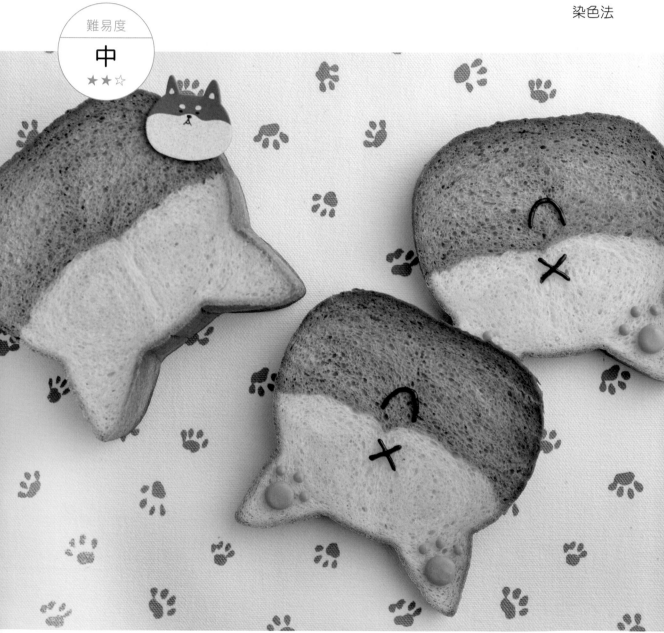

材 // 料

◆ 前置準備

吐司基礎麵團1倍（360g）

◆ 色粉

土黃色：南瓜粉4～5g＋可可粉0.5g

◆ 熔化非調溫巧克力

黑色巧克力10g

草莓巧克力15g

作 // 法

分割滾圓

01 攪拌好的麵團切出150g
染成土黃色，剩餘為白
色，基礎發酵約1小時。

02 白色分成25g×2顆、80g
×2顆，土黃色75g×2
顆，分別滾圓。

▶ Video 影片

麵團分割
和滾圓

組合疊起

03 白色麵團80g×2顆，分
別擀長約20公分。

04 麵團翻面，將下端的麵
團用手指壓薄。

05 由上往下輕輕捲起。

06 收口處黏緊。

07 蓋上保鮮膜，鬆弛10分
鐘再進行二次擀捲。

08 土黃色麵團分別擀長約
20公分。

09 麵團翻面，將下端的麵團用手指壓薄。

10 由上往下輕輕捲起。

11 收口處黏緊。

12 蓋上保鮮膜，鬆弛10分鐘再進行二次擀捲。

13 鬆弛好的白色麵團放成直式。

14 將麵團擀長。

15 麵團翻面，將下端的麵團用手指壓薄。

16 由上往下輕輕捲起。

17 收口處黏緊。

18 鬆弛好的土黃色麵團用擀麵棍擀長。

19 麵團翻面，將下端的麵團用手指壓薄。

20 由上往下輕輕捲起。

21　收口處黏緊。

22　白色麵團25g×2顆，同作法3～6完成一次擀捲。

23　擀捲兩次的作法17白色麵團，放入貓咪吐司模具的中間。

24　下端尖角處，放入擀捲一次作法22的25g白色麵團。

25　最上端放入擀捲兩次的作法21土黃色麵團。

26　進行最後發酵，麵團至吐司模約8分滿。

烘烤裝飾

27　蓋上吐司模的蓋子，即可進行烘烤。

28　烤好立刻脫模，放置涼架上冷卻，即可切片。

29　使用黑色巧克力畫上可愛的屁股。

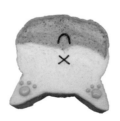

30　左右兩端的耳朵處，用草莓巧克力畫上腳印即完成。

卡哇伊小花喵吐司

數量　◆　貓咪吐司模1個

烘烤　◆　上火180℃、下火220℃，
　　　　烘烤25～30分鐘。

▶ Video 影片

卡哇伊小花喵
吐司教學

材 // 料

◆ 前置準備

吐司基礎麵團1倍（360g）

◆ 色粉

粉紅色：草莓粉1～2g
綠色：抹茶粉1～2g

◆ 其他裝飾

粉紅色翻糖10g
桃紅色翻糖10g

作 // 法

分割滾圓

01 麵團切出95g染粉紅色、95g染綠色，剩餘白色1顆，進行基礎發酵約1小時。

組合疊起

02 粉紅色麵團排氣後擀長約20公分，麵團翻面，將下端的麵團用手指壓薄。

03 由上往下輕輕捲起。

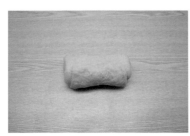

04 收口處黏緊。

05 綠色麵團排氣後擀長約20公分。

06 麵團翻面，將下端的麵團用手指壓薄。

07 由上往下輕輕捲起。

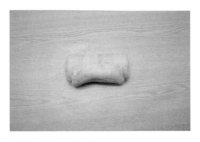

08 收口處黏緊。

09 白色麵團排氣擀長約20公分。

10 麵團翻面，將下端的麵團用手指壓薄。

11 由上往下輕輕捲起。

12 收口處黏緊。

13 麵團收口處向內放入吐司模具。

14 進行最後發酵，麵團至吐司模約8分滿。

15 蓋上吐司模的蓋子,即可進行烘烤。

16 烤好立刻脫模,放置涼架上冷卻。

17 冷卻後即可切片。

18 使用黑色巧克力在中間畫上鼻子。

19 接著畫上眼睛和嘴巴。

20 左右側畫上鬍鬚。

21 將翻糖填入矽膠模,做出不同顏色的蝴蝶結。

22 在耳朵黏上粉紅色蝴蝶結即完成。

23 也可以黏上桃紅色蝴蝶結在喜歡的位置。

棒棒糖螺旋吐司

難易度

易

★ ☆ ☆

數量 ◆ 圓柱吐司模1個

烘烤 ◆ 上火180℃、下火220℃，
烘烤25～30分鐘。

▶ Video 影片

麵團　　　麵團分割
染色法　　和滾圓

材 // 料

◆ **前置準備**
吐司基礎麵團1.7倍（612g）

◆ **色粉**
綠色：菠菜粉5g

◆ **熔化非調溫巧克力**
白色巧克力30g

◆ **其他裝飾**
竹棒12支
緞帶12條（每條約40公分）

作 // 法

分割滾圓

O1 攪拌好的麵團切出275g，排氣後稍微擀平，放上菠菜粉。

O2 噴少許水，將色粉揉入麵團呈現均勻的綠色，收口滾圓。

O3 白色麵團、綠色麵團進行基礎發酵約1小時。

04 輕輕拍扁白色麵團，將氣體排出。

05 擀成20×25公分的長方形。

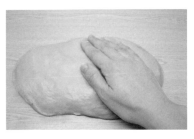

06 輕輕拍扁綠色麵團，將氣體排出。

07 擀成比白色小一些，約19×24公分的長方形。

08 將綠色麵團黏在白色麵團上。

09 用擀麵棍擀一擀，將兩色麵團黏緊。

10 下端的麵團用手指壓薄。

11 由上往下輕輕捲起。

12 收口處黏緊。

13 麵團收口朝下放入圓柱吐司模。

14 進行最後發酵，麵團至吐司模約8分滿。

15 蓋上模具的蓋子，即可進行烘烤。

16 烤好後取出，立刻脫模並放置涼架上冷卻。

17 冷卻後即可切片。

18 每片吐司下端剪出1個小洞。

19 竹棒前端沾少許白色巧克力。

20 插入吐司片的小洞內。

21 綁上緞帶裝飾即完成。

鯉魚旗彩繪吐司

難易度

易

★☆☆

數量 ◆	12兩吐司模1個	

烘烤 ◆	上火180℃、下火220℃，烘烤25～30分鐘。

材 // 料

◆ **前置準備**
吐司基礎麵團1.4倍（500g）

◆ **熔化非調溫巧克力**
黑色巧克力10g

◆ **其他裝飾**
起司片1片
奶油起司醬100g
奇異果1個
柳橙1個
小番茄12顆

作 // 法

分割捲起

O1 麵團基礎發酵完成，分割2等份，收口滾圓後鬆弛10分鐘。

O2 拍扁麵團將氣體排出，麵團翻到背面。

O3 由上往下將麵團慢慢捲起，鬆弛10分鐘。

O4 收口處捏緊。

O5 麵團放成直式，輕拍表面排氣。

分割捲起

06 擀成長條狀約35公分。

07 麵團翻面,將下端的麵團用手指壓薄。

08 由上往下輕輕捲起。

09 收口處黏緊。

入模烘烤

10 取兩捲麵團收口朝下放入吐司模。

11 進行最後發酵,麵團至吐司模約8分滿。

12 蓋上吐司模的蓋子,即可進行烘烤。

13 烤好後取出,立刻脫模並放置涼架上冷卻。

14 冷卻後即可切片。

15 切除四周吐司邊。

16 對切一半。

17 抹上喜歡的起司醬口味。

18 直徑約1公分的圓形模
在起司片上，壓出數個
小圓形。

19 圓形起司片放置吐司
上，當魚眼睛。

20 放上喜歡的新鮮水果片。

21 使用黑色巧克力畫上眼珠即完成。

Toast

巧克力蛋糕
豹紋吐司

數量 ◆ 12兩吐司模1個

烘烤 ◆ 180℃烘烤35～40分鐘。

材 // 料

◆ **前置準備**

吐司基礎麵團0.7倍（252g）

◆ **色粉**

褐色：可可粉0.5g

黑色：竹炭粉2g

◆ **巧克力蛋黃糊**

蛋黃3個、細砂糖12g、植物油18g、牛奶30g、低筋麵粉36g、可可粉15g

◆ **蛋白糊**

蛋白3個、細砂糖36g

作 // 法

分割搓長

01 麵團切出24g染褐色、48g染黑色，剩餘白色1顆，進行基礎發酵約1小時。

02 褐色分成4g×6顆、黑色分成8g×6顆，白色分成15g×6顆，剩餘白色1顆。

03 褐色4g×6顆分別搓長17～18公分，若無法搓長先鬆弛10分鐘。

04 黑色8g×6顆分別搓長17～18公分，若無法搓長先鬆弛10分鐘。

組合入模

05 搓長的黑色麵團壓扁，寬度約1公分。

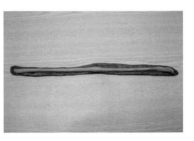

06 將搓長的褐色麵團放置黑色上面。

07 多出來的黑色麵團黏緊在褐色麵團兩側。

08 取15g白色麵團擀成長度17～18公分。

09 作法7兩色麵團放置白色上方。

10 包覆在白色麵皮裡面。

11 搓成長度17～18公分。

▶ Video 影片

麵團
染色法

12 其餘5條依作法5～11搓長完成。

13 取3條靠攏黏在一起。

14 第二層放上2條。

15 第三層放上1條。

16 剩餘1顆白色麵團擀成 11×20公分。

17 作法15長條麵團放置上方。

18 包覆在白色裡面，收口處黏緊。

19 麵團放入鋪烘焙紙的吐司模，進行最後發酵至吐司模約1/3高度。

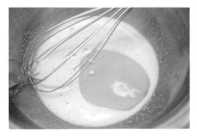

20 蛋黃和細砂糖放入鋼盆。

21 用打蛋器攪拌均勻至無糖粒。

22 攪拌至蛋黃麵糊稍微反白，加入植物油。

23 繼續攪拌至植物油完全
乳化均勻。

24 低筋麵粉和可可粉篩入
作法23中。

25 加入牛奶，攪拌均勻。

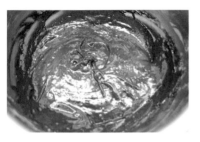

26 攪拌至無乾粉即可。

蛋
白
糊

27 蛋白打發至起泡。

28 加入一半的細砂糖。

29 打發至稍微出現紋路後，
加入剩餘的細砂糖。

30 繼續打發至濕性微彎。

蛋
黃
蛋
白
糊
混
合

31 取1/3的蛋白霜到巧克
力蛋黃麵糊中。

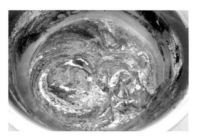

32 用刮刀輕輕攪拌至8分
均勻。

33 倒回蛋白霜中。

34 以切拌方式將麵糊攪拌均勻。

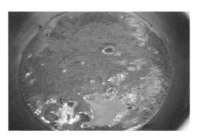

35 攪拌至無蛋白霜即可，小心麵糊消泡。

36 再倒入作法19的吐司模具內。

37 進烤箱前輕敲一下，即可烘烤。

38 小刀子抹上少許軟化的奶油備用。

39 烘烤15分鐘後，在蛋糕中間劃一刀。

40 形成一條刀痕，不需劃到底。

41 繼續烘烤20～25分鐘，取出冷卻10分鐘。

42 脫模繼續冷卻至完全涼。

43 即可撕開烘焙紙，切片食用。

 Video 影片

麵團
分割和滾圓

黑皮企鵝
插畫吐司

難易度

中

★★☆

數量　◆　圓柱吐司模1個

烘烤　◆　上火180℃、下火220℃，
　　　　　烘烤25～30分鐘。

材 // 料

◆ 前置準備
吐司基礎麵團1.1倍（396g）

◆ 色粉
黑色：竹炭粉5～6g
黃色：南瓜粉2g

作 // 法

分割滾圓

01　攪拌好的麵團切出15g染成黃色、210g染成黑色，剩餘為白色，基礎發酵約1小時。

02　黑色分成9g×2顆、12g×3顆、26g×1顆、30g×2顆、70g×1顆。

03　白色分成12g×2顆、26g×2顆、40g×1顆、50g×1顆。

組合疊起

04　黑色9g×2顆分別搓長約15公分。

05　白色26g×2顆分別擀成3×15公分。

06　作法4的黑色放置白色中間。

07　包覆在裡面。

08　收口處黏緊。

09　黃色麵團搓長約15公分。

10　取黑色12g×1顆擀成3×15公分。

11　作法9黃色放置黑色麵皮中間。

12　包覆在黑色裡面，收口處黏緊。

13　黑色12g×2顆分別擀成4×15公分。

14　作法8的兩色麵團放在中間。

15　黑色麵團包覆一半，露出白色麵團。

16　白色12g麵團2顆擀成4×15公分。

17　作法12黑麵團放中間，上下放作法16白色麵皮。

18　作法15的白色端朝下，放在白色麵團上方。

19　上下各放一條。

▶ Video 影片

麵團
染色法

麵團分割
和滾圓

20 黑色26g×1顆擀成3× 15公分。

21 放置作法19的中間。

22 黑色30g×2顆分別擀 成和作法21相同尺寸。

23 兩塊黑色麵皮依序放置作法21的上方。

24 白色50g×1顆擀成和 作法23相同尺寸。

25 白色麵皮放置最下方。

26 白色40g×1顆擀成15× 20公分，上方和下方擀 薄一點。

27 作法25麵團放在白色 麵皮中間。

28 多餘的白色麵皮黏在側
邊白色處。

29 側邊最上方黑色麵皮和
下方白色處黏緊。

30 黑色70g×1顆擀成16×
25公分。

31 作法29麵團放在黑色麵
皮中間,白色面朝上。

32 包覆在黑色裡面。

33 中間接縫處黏緊。

入
模
烘
烤

34 收口朝下,小心放入圓
柱吐司模。

35 進行最後發酵,麵團至
吐司模約8分滿。

36 蓋上模具的蓋子,進行
烘烤即可。

Chapter 5

相連樂趣「手撕麵包」

基礎麵團加入湯種麵團，讓澱粉糊化提升吸水量，
促進麵團達到柔軟富彈性、延緩麵包老化的特性。
常見手撕麵包做成9宮格或16宮格，或製作環形狀麵包，
小顆麵包連接一起烘烤，麵團不會變乾而且更鬆軟！

重 ∥ 量

270g

材 ∥ 料

湯種

高筋麵粉	20g
牛奶	100g

主體麵團

高筋麵粉	144g
湯種	42g
水	55～60g
高糖速發酵母	1.5g
細砂糖	18g
鹽	1g
無鹽奶油	12g

作 ∥ 法

01 將湯種所有材料放入鋼盆，拌勻。

02 湯種倒入平底鍋，開中小火煮。

03 加熱過程需不停攪拌，麵糊會慢慢結塊。

04 邊加熱邊攪拌至濃稠狀，放涼密封冷藏一晚再使用。

▶ Video

手撕麵包
基礎麵團

05 除了奶油外，主體麵團
所有材料放入攪拌缸。

06 機器開中速攪打至稍微
出現薄膜。

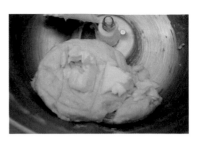

07 加入軟化的奶油，繼續
用中速攪拌。

08 麵團攪打至光滑不黏缸，
檢查麵團形成彈性薄膜。

09 整理麵團表面，收口滾
圓成球狀。

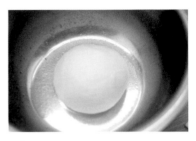

10 放入抹油的鋼盆內。

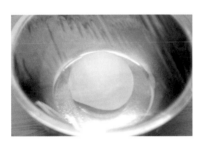

11 蓋上保鮮膜進行基礎發
酵，室溫28℃約1小時。

12 麵團基礎發酵至2倍大
左右，在表面輕輕按壓。

13 麵團表面留下清楚的指
印，即基礎發酵完成。

14 捶打麵團進行排氣後，
收口捏緊滾圓即可分割
使用。

鸚鵡串串手撕麵包

數量 ◆ 4串

烘烤 ◆ 160℃先烘烤15分鐘，降溫至140℃再烘烤15分鐘。

難易度

易
★☆☆

材 // 料

◆ 前置準備

手撕麵包基礎麵團1倍（270g）

◆ 色膏

藍色：藍色色膏2滴

綠色：綠色色膏2滴

黃色：黃色色膏6～7滴

◆ 熔化非調溫巧克力

黑色巧克力15g

草莓巧克力10g

黃色：白色巧克力8g＋黃色色膏1滴

藍色：白色巧克力8g＋藍色色膏1滴

◆ 其他裝飾

耐烤紙棒4支

作 // 法

分割滾圓

01 攪拌好的麵團切出35g×2顆，分別染成藍色和綠色。

02 剩餘麵團分割2等份，取1份染成黃色。

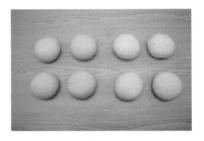

03 全部麵團進行基礎發酵約1小時。

04 基礎發酵完成後，將4種顏色麵團各別分成4等份。

05 白色和黃色麵團分別滾圓，靜置15分鐘。

組合烘烤

06 每顆綠色麵團分別擀成長度約10公分。

07 鋪在黃色麵團下方。

08 多餘的綠色麵團包在黃色背部。

09 每顆藍色麵團分別擀成長度約10公分。

10 鋪在白色麵團下方。

11 多餘的藍色麵團包在白色背部。

12 全部麵團最後發酵20～30分鐘，放入烤箱烘烤完成，取出放涼。

13 巧克力分別隔水加熱熔化，藍色、黃色可用白色巧克力加入食用色膏拌勻。

14 巧克力各別裝袋，袋口綁緊備用。

15 利用各色巧克力畫上五官、腮紅和腳丫。

16 待巧克力凝固，即可用紙棒串起手撕麵包，每串2個。

▶ Video 影片

白巧克力染色法

巧克力畫五官

138

淘氣松鼠手撕麵包

good friend

數量	◆	21公分方形烤模1個
烘烤	◆	160℃先烘烤15分鐘，降溫至140℃再烘烤20分鐘。

▶ Video 影片

麵團
分割和滾圓

巧克力
畫五官

材 // 料

◆ 前置準備

手撕麵包基礎麵團2倍（540g）

減少基礎配方的高筋麵粉13g，換成
可可粉13g。

◆ 熔化非調溫巧克力

黑色巧克力15g

白色巧克力20g

◆ 其他裝飾

杏仁果8顆

作 // 法

01 可可麵團基礎發酵完成，切出15g做耳朵、6g做手部。

02 剩餘的可可麵團分成16等份。

03 每份麵團收口捏合後，分別滾圓備用。

04 烤模內鋪上烘焙紙，防止脫模時沾黏。

05 滾圓好的麵團依序放入方形烤模內。

06 進行最後發酵，麵團至約8分滿。

07 耳朵和手部麵團各分成
16小顆。

08 耳朵麵團整型成三角形。

09 耳朵黏在中間兩排的每
顆麵團上方兩側。

10 杏仁果黏在中間兩排的
每顆麵團下方。

11 手部麵團搓圓，黏在杏
仁果的左右兩側，放入
烤箱烘烤後放涼。

裝飾完成

12 黑色巧克力畫上眼睛和
鼻子。

13 接著畫上嘴巴。

14 白色巧克力畫上鬃毛。

15 最後畫上尾巴即完成。

Pull Apart Bread

小雞抱抱手撕麵包

難易度

易

★ ☆ ☆

數量 ◆ 8吋中空天使蛋糕模1個

- -

烘烤 ◆ 160℃先烘烤15分鐘，降溫
至140℃再烘烤15分鐘。

▶ Video 影片

小雞抱抱
手撕麵包教學

材 // 料

◆ **前置準備**
手撕麵包基礎麵團1倍（270g）

◆ **色粉**
黃色：南瓜粉5～6g

◆ **熔化非調溫巧克力**
白色巧克力15g

◆ **其他裝飾**
彩虹糖果6顆
愛心彩糖4片
竹炭粉調水：竹炭粉2g＋25℃常溫開水2g

作 // 法

分割滾圓

O1 攪拌好的手撕麵包麵團
分割2等份。

O2 取1份麵團收口滾圓，
蓋上保鮮膜進行基礎發
酵約1小時。

O3 另一份麵團加入南瓜粉。

分割滾圓

04 均勻染成黃色麵團後收口滾圓，蓋上保鮮膜進行基礎發酵約1小時。

05 白色、黃色麵團分別拍扁排氣，各分割4等份。

06 每顆麵團拍打排氣，收口滾圓。

組合烘烤

07 模型內抹油，撒上高筋麵粉防止沾黏。

08 白色麵團放入模具的十字位置。

09 黃色麵團放在剩餘的空位，和白色麵團交錯。

裝飾完成

10 蓋上保鮮膜進行最後發酵至模具約8分滿，放入烤箱烘烤後放涼。

11 將所有彩虹糖果用小刀切半備用。

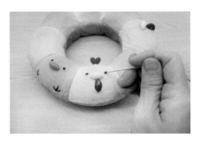

12 彩虹糖果和愛心彩糖沾少許白色巧克力，黏在放涼的麵包上。

13 竹炭粉調水畫上眼睛和腳丫，黏上愛心糖片當雞冠即完成。

144

Pull Apart Bread 🌿

白雪公主與小矮人
手撕麵包

▶ Video 影片

麵團
染色法

白巧克力
染色法

數量 ◆ 8吋中空天使蛋糕模1個

烘烤 ◆ 160℃先烘烤15分鐘，降溫至140℃再烘烤15分鐘。

難易度

易

★ ☆ ☆

材 // 料

◆ 前置準備

手撕麵包基礎麵團1.2倍（320g）

◆ 色粉

黑色：竹炭粉0.5g

黃色：南瓜粉0.5g

綠色：菠菜粉0.5g

褐色：可可粉0.5g

藍色：梔子藍色粉0.5g

紫色：紫薯粉0.5g

深橘色：金黃起司粉0.5g＋可可粉0.1g

土黃色：南瓜粉0.5g＋可可粉0.1g

紅色：紅色色膏1滴

◆ 熔化非調溫巧克力

白色巧克力25g

藍色：白色巧克力3g＋藍色色膏1滴

◆ 其他裝飾

椰子粉6g

粉紅色色粉0.1g

竹炭粉調水：竹炭粉2g＋25℃常溫開水2g

作 // 法

分割滾圓

01 麵團切出5g×8顆，分別染成8種顏色，再切出2g染成紅色，收口滾圓。

02 剩餘的白色留4g做鼻子，其餘的白色均分成8顆做臉部。

03 白色麵團分別收口滾圓，全部麵團基礎發酵約1小時。

組合烘烤

04 綠色麵團擀成長度9～9.5公分，做帽子。

05 包覆在白色麵團一半位置，多餘的折到背後，其他顏色帽子作法同。

06 黑色頭髮麵團擀成直徑約7公分的圓形。

07 使用切割板對切一半。

08 以45度角包覆在臉部
麵團左右兩側，即是公
主的頭髮。

09 模具內抹油，並且撒上
高筋麵粉防止沾黏。

10 麵團放入模具，進行最
後發酵約8分滿。

11 鼻子麵團分成8小顆，
公主的鼻子可小一些。

12 鼻子麵團滾圓後依序黏
在臉部中間位置。

13 紅色麵團做成蝴蝶結黏
在公主的頭上，放入烤
箱烘烤，取出放涼。

裝飾完成

14 白色巧克力畫出小矮人
的鬍子範圍。

15 撒上椰子粉裝飾成鬍子。

16 運用牙籤沾少許竹炭粉
調水畫上眼睛。

17 藍色巧克力畫上其中一
款的眼淚。

18 最後為每顆麵包畫上腮
紅即完成。

黑眼狗狗手撕麵包

數量 ◆ 5隻

烘烤 ◆ 160℃先烘烤15分鐘，降溫至140℃再烘烤20分鐘。

材 // 料

◆ 前置準備
手撕麵包基礎麵團1.3倍
（350g）
減少基礎配方的高筋麵粉7g，
換成可可粉7g。

◆ 色粉
黑色：竹炭粉1g

◆ 內餡
水滴巧克力（非調溫）50g

◆ 熔化非調溫巧克力
黑色巧克力15g
草莓巧克力8g

◆ 其他裝飾
水滴巧克力（非調溫）10顆

作 // 法

分割滾圓

01 攪拌好的可可麵團切出
10g和竹炭粉揉勻成黑
色，做耳朵麵團。

02 剩餘的可可麵團收口滾
圓，全部麵團基礎發酵
約1小時。

03 發酵完成後將褐色麵團
分成10等份。

04 麵團壓扁，中間放入約 5g水滴巧克力，收口處捏合。

05 收口朝下滾圓後整型成圓球狀。

06 全部10顆依照作法4～6完成。

組合烘烤

07 吐司模放在烤盤當支撐麵團，將2顆褐色麵團堆疊後靠在吐司模，最後發酵20～30分鐘。

08 黑色耳朵麵團分成10等份，每份搓成水滴狀。

09 黏在上面褐色麵團的左右兩側，放入烤箱烘烤後放涼。

裝飾完成

10 裝飾的水滴巧克力沾黑色巧克力，黏在下方褐色麵團中間。

11 使用黑色巧克力畫上眼睛和鼻子，草莓巧克力畫上腮紅即完成。

▶ Video 影片

麵團染色法

巧克力畫五官

150

Pull Apart Bread 🍃

粉紅蘋果手撕麵包

數量 ◆ 21公分方形烤模1個

烘烤 ◆ 160°C先烘烤15分鐘,降溫至
140°C再烘烤20分鐘。

▶ Video 影片

麵團
分割和滾圓

麵團
染色法

材 // 料

◆ 前置準備
手撕麵包基礎麵團2倍(540g)
基礎麵團配方加入紅麴粉3～4g一
起拌勻,添加量可依喜好增減。

◆ 色粉
綠色:菠菜粉1g

◆ 內餡
蘋果去皮淨重約170g+細砂糖
30g,糖量可依據蘋果甜度增減。

◆ 其他裝飾
市售餅乾棒6支

作 // 法

蘋果內餡

O1 蘋果切丁成1公分,放
入平底鍋。

O2 加入細砂糖。

O3 攪拌均勻。

04 用中火炒蘋果丁，中間過程會慢慢出水。

05 炒至蘋果丁的水完全收乾，關火後放置一旁待涼備用。

06 攪拌好的麵團切出8g染成綠色，一大一小麵團基礎發酵約1小時。

07 紅麴麵團分割16等份。

08 每個麵團收口滾圓，蓋上保鮮膜靜置10分鐘。

09 靜置後的麵團拍扁，擀成直徑約8公分。

10 麵團翻面，鋪上放涼的蘋果丁，每份麵團約7g左右。

11 四周麵團向中間捏緊。

12 滾圓成球狀，16顆依序作法9～12完成。

13 烤模內鋪上烘焙紙，防止脫模時沾黏。

14 包好蘋果餡的麵團依序放入方形烤模內。

15 進行最後發酵，麵團至約8分滿。

16 插入折小段的餅乾棒，完成蘋果手撕麵團。

17 綠色麵團擀薄，利用葉子模型壓出小葉片。

18 小葉片黏在餅乾棒旁邊。

19 放入烤箱烘烤即可。

魔幻萬聖節手撕麵包

數量 ◆	15公分方形烤模1個	
烘烤 ◆	160℃先烘烤15分鐘，降溫至140℃再烘烤15分鐘。	

材 ∥ 料

◆ **前置準備**
手撕麵包基礎麵團1.4倍（378g）

◆ **色粉**
紫色：紫薯粉3～4g

橘色：金黃起司粉3～4g
綠色：抹茶粉3～4g

◆ **熔化非調溫巧克力**
白色巧克力10g
黑色巧克力20g

作 // 法

分割滾圓

01 麵團分割白色126g、紫色84g、綠色84g、橘色84g，基礎發酵約1小時。

02 白色分成3等份，紫色、綠色、橘色麵團各分成2等份。

03 紫色麵團各取出1g做耳朵。

組合烘烤

04 烤模內鋪上烘焙紙，防止脫模時沾黏。

05 將9顆麵團分別收口滾圓，放入方形烤模內。

06 進行最後發酵，麵團至約8分滿。

07 紫色麵團分別對切一半，捏成三角形的耳朵。

08 耳朵麵團黏在紫色麵團的左右上方，烘烤完成後取出放涼。

裝飾完成

09 白色巧克力畫上橢圓形眼睛。

10 使用黑色巧克力畫出喜歡的五官表情即可。

▶ Video 影片

麵團染色法

巧克力畫五官

Pull Apart Bread

歡樂聖誕節手撕麵包

數量 ◆	8吋圓形蛋糕模1個
烘烤 ◆	160℃先烘烤15分鐘，降溫至140℃再烘烤15分鐘。

▶ **Video** 影片

麵團
染色法

竹炭粉調水
畫五官

材 // 料

◆ **前置準備**

手撕麵包基礎麵團1.4倍（378g）

◆ **色粉**

紅色：紅色色膏2～3滴
黃色：南瓜粉1g
綠色：菠菜粉3～4g

◆ **熔化非調溫巧克力**

白色巧克力10g

◆ **其他裝飾**

竹炭粉調水：竹炭粉2g＋25℃
常溫開水2g

作 // 法

分割滾圓

O1 取20g麵團染紅色、3g染黃色；剩餘分2等份，取1份染綠色，全部基礎發酵約1小時。

O2 白色麵團切出10g，紅色麵團切出2g，滾圓。

O3 大顆的白色麵團、綠色麵團各分割4等份，收口後滾圓。

04 綠色麵團擀成直徑8.5～9公分的圓形。

05 將麵團翻面，左右兩側往內折。

06 底部也往上折，形成三角形。

07 接縫處黏緊。

08 翻回正面，整型成漂亮的三角形。

09 白色麵團依照作法4～8完成漂亮的三角形。

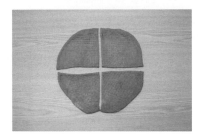

10 大顆的紅色麵團擀成直徑約10公分的圓形，切成4等份。

11 包覆在作法9白色麵團上方，多餘麵團往後折。

12 將10g白色麵團擀成長度約16公分。

13 切成4條，若有多餘的麵團當鼻子和聖誕樹裝飾使用。

14 白色長條黏在紅色帽子邊緣上。

15 烤模內鋪上烘焙紙，防止脫模時沾黏。

16 取作法8綠色三角形麵團，依序放在圓形烤模內的十字位置。

17 剩餘位置放聖誕老人，進行最後發酵至烤模約8分滿。

18 黃色麵團擀成薄片，運用星星壓模壓出4個小星星。

19 黃色星星黏在聖誕樹的頂部。

20 利用剩餘的麵團，做成小點點裝飾聖誕樹。

21 白色搓小圓球，黏在帽子和鼻子上即可放入烤箱烘烤。

裝飾完成

22 烘烤後脫模放涼，用白色巧克力畫上鬍子。

23 牙籤沾少許竹炭粉調水畫上眼睛。

24 小筆刷沾少許粉紅色色粉，刷在聖誕老公公臉部成腮紅即可。

6

創意多變
「其他類」

這個單元所使用的麵團配方獨立，各具特色，
包含時下受歡迎又容易學的餐包、肉桂捲、鹽可頌、披薩，
還有古早味錐形奶油捲加上兔子麵包造型，
可根據喜好練習，讓您的麵包烘焙增加許多款式和口感！

蝴蝶結餐包

Other Bread

▶ Video 影片

餐包
基礎麵團

數量 ◆ 6個

烘烤 ◆ 180°C烘烤20～25分鐘。

材 // 料

◆ **餐包基礎麵團（305g）**
高筋麵粉170g、細砂糖10g、全蛋30g、奶粉10g、鹽1.5g、高糖速發酵母2.5g、牛奶73～78g、無鹽奶油15g

◆ **色粉**
紫色：紫薯粉1～2g

◆ **其他裝飾**
防潮糖粉30g

作 // 法

餐包基礎麵團

01 除了奶油外，所有材料放入攪拌缸。

02 機器開中速，攪打至稍微出現薄膜。

03 加入軟化的奶油，繼續用中速攪拌。

04 麵團攪打至光亮不黏缸，檢查麵團形成彈性薄膜。

染色發酵

05 整理麵團表面，收口滾圓成球狀。

06 切出102g麵團，加入紫薯粉。

07 噴少許水於紫薯粉。

08 將色粉搓揉均勻。

09 兩種麵團蓋上保鮮膜,
進行基礎發酵約1小時。

10 兩種麵團排氣後收口滾
圓,各分成6等份。

11 白色擀成直徑約10公分
的圓形。

12 紫色擀成直徑約8.5公
分的圓形。

13 紫色放在白色麵皮上方。

14 擀麵棍擀一擀將兩片麵
皮黏緊。

15 取口徑約1.5公分的花
嘴,在麵皮正中間做圓
圈記號。

16 在麵團下方切一刀到麵
皮邊緣。

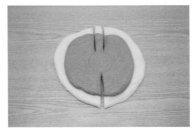

17 上方切兩刀。

18 右邊等份切兩刀。

19 左邊一樣等份切兩刀。

20 將中間那塊麵皮拿起。

21 再重疊在左右兩塊麵皮的上方。

22 右側一樣作法20〜21完成。

23 將中間長條麵皮往下方拉起。

24 黏在蝴蝶結背後，進行最後發酵20〜30分鐘，烘烤後放涼。

▶ Video 影片

裝飾完成

25 篩上防潮糖粉裝飾，即完成蝴蝶結餐包。

蝴蝶結餐包
教學

麵團
分割和滾圓

平安風鈴餐包

數量 ◆ 5個

烘烤 ◆ 餅乾170℃烘烤15～20分鐘，餐包180℃烘烤20～25分鐘。

難易度

難
★★★

材 // 料

▶ Video 影片

◆ **餅乾麵團**

無鹽奶油55g、糖粉35g、全蛋28g
低筋麵粉120g、奶粉10g、泡打粉1.5g

◆ **餐包基礎麵團**

麵團配方1倍（305g），見P.163蝴
蝶結餐包的作法1～4。

◆ **色粉**

黃色：南瓜粉1～2g
粉紅色：草莓粉0.5g
紫色：紫薯粉1g
藍色：梔子藍色粉1g

◆ **內餡**

紅豆餡125g

◆ **熔化非調溫巧克力**

黑色巧克力20g
草莓巧克力20g
黃色：白色巧克力10g＋黃色色膏1滴

◆ **其他裝飾**

棉線10條（每條約30公分）

餐包
基礎麵團

麵團
染色法

作 // 法

餅乾麵團

O1 奶油放入攪拌缸，放置
常溫待軟化到能按壓成
凹洞。

O2 糖粉篩入作法1中。

O3 機器開中速，攪拌打發
奶油。

O4 打發至奶油呈現微白色
的絨毛狀。

O5 全蛋分兩次加入奶油糊
中，攪拌均勻再加入第
二次全蛋。

O6 攪拌至奶油糊無蛋液。

07 低筋麵粉、奶粉、泡打粉混合均勻。

08 全部粉類篩入奶油糊中。

09 繼續以中速攪拌均勻。

10 攪拌至無乾粉即可。

11 麵團用保鮮膜包起來，冷藏鬆弛2小時再使用。

12 冷藏後的餅乾麵團分成5等份，擀成薄片。

13 每份切出3.5×6公分的長方形。

14 其中一端用竹籤搓出1個小洞。

15 放置烤盤上，以170℃烘烤15 ～ 20分鐘，取出放涼。

16 攪拌好的麵團切出25g×4顆，染成4種顏色，基礎發酵約1小時。

17 黃色麵團擀成長度約18公分。

18 用滾輪刀切成寬度約1公分的長條狀。

19 其餘三種顏色麵團同作法17 ～ 18完成長條狀。

20 剩餘白色麵團分成4等份，收口滾圓。

21 擀成直徑10公分的圓形。

22 利用直徑9.5公分的圓形圈壓出圓片。

23 用滾輪刀切成寬度約1公分的長條狀。

24 拿掉左右較短的麵團。

25 下端處集中黏緊。

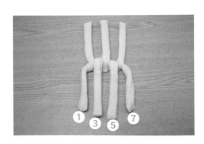

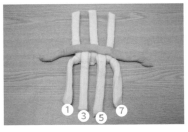

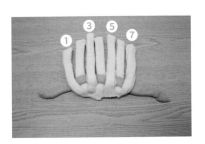

26 將基數1357白色麵條往下放。

27 下端處放上1條粉紅色麵條。

28 再將白色麵條往上放，蓋在粉紅色麵條上。

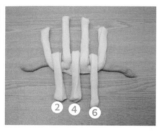

29 第二次取偶數246白色麵條往下放。

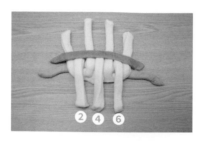

30 放上1條紫色麵條。

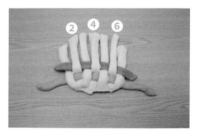

31 將白色麵條往上放，蓋在紫色麵條上。

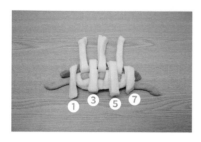

32 將基數1357白色麵條往下放。

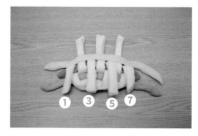

33 放上1條黃色麵條。

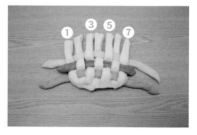

34 再將白色麵條往上放，蓋在黃色麵條上。

35 第二次取偶數246白色麵條往下放。

36 放上1條藍色麵條。

37 將白色麵條往上放，蓋在藍色麵條上。

38 多餘的麵團用圓模切掉。

包餡烘烤

39 紅豆餡分成25g×5份，放入1份紅豆餡。

40 包起後收口處黏緊。

41 放置烤盤上，進行最後發酵20～30分鐘，以180℃烘烤20～25分鐘。

42 黑色巧克力寫上「平安」或其他祝福文字。

43 草莓巧克力畫上外輪廓。

44 畫上小花裝飾。

45 用竹籤在放涼的餐包上端搓出兩個小洞。

46 棉線從小洞穿出。

47 留一小段棉線打結。

48 下端一樣用竹籤搓出兩個小洞。

49 棉線從小洞穿出。

50 穿入1片餅乾。

51 依據喜好留長度，棉線打個小結。

52 把小結藏在下端小洞內即完成。

171

微笑栗子麵包

數量 ◆ 8個

烘烤 ◆ 170℃烘烤20～25分鐘。

▶ Video 影片

白巧克力 　　　　 巧克力
染色法 　　　　　 畫五官

材 ∥ 料

◆ **基礎麵團**（450g）

波蘭種：高筋麵粉40g、水40g、高糖速發
酵母1g

主體麵團：高筋麵粉200g、細砂糖16g、可
可粉8g、竹炭粉0.5g、鹽2.5g、高糖速發酵
母1g、牛奶125～130g、無鹽奶油24g

◆ **內餡**

栗子餡200g
糖漬栗子50g

◆ **熔化非調溫巧克力**

白色巧克力20g
黑色巧克力15g
草莓巧克力15g
紅色：白色巧克力15g＋紅色色膏1滴

◆ **其他裝飾**

冷開水1碗
白芝麻50g
蛋黃1個

作 ∥ 法

基礎麵團

O1 將波蘭種所有材料放入
鋼盆。

O2 使用刮刀攪拌均勻。

O3 攪拌至無乾粉的麵團，
先放置室溫15分鐘，密
封冷藏一晚再使用。

O4 除了奶油外，所有主體
麵團放入攪拌缸，並加
入全部波蘭種。

O5 機器開中速，攪打至稍
微出現薄膜。

06 加入軟化的奶油，繼續攪打。

07 麵團攪打至出現薄膜。

08 麵團收口滾圓，進行基礎發酵約1小時。

09 再切割8等份，分別收口滾圓。

10 蓋上保鮮膜鬆弛10分鐘。

11 麵團擀成直徑10～11公分的圓形。

  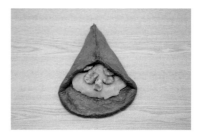

12 栗子餡分成25g×8份，麵團翻面，每份麵皮中間放入1份栗子餡。

13 放入約6g的糖漬栗子。

14 左右兩端麵皮往中間黏緊，形成尖角。

波蘭種是什麼？

波蘭種為含水量高的酵種之一，又稱為液種，因起源於波蘭而得名。波蘭種是由麵粉與水1：1，並和少量的酵母混合製成，含水量高讓酵母得以穩定速度生長繁殖，此酵種做出來的麵包具柔軟保濕，可以有效地延緩麵包的老化，加強麵包的口感與風味。

15　下端麵皮往中心黏緊。

16　翻回正面，整型成喜歡的栗子狀。

17　準備冷開水和白芝麻。

18　作法16栗子麵團底部沾上水。

19　均勻沾上白芝麻。

20　放置烤盤上，進行最後發酵20～30分鐘。

烘烤裝飾

21　表面刷上蛋黃液即可烘烤，取出放涼。

22　白色巧克力在冷卻的栗子麵包上畫出眼白。

23　黑色巧克力畫上眼珠。

24　紅色巧克力畫上嘴巴。

25　草莓巧克力畫上腮紅。

26　眼珠畫上小白點即可。

蝸牛肉桂捲

數量 ◆ 6個

烘烤 ◆ 170℃烘烤20～25分鐘。

▶ Video 影片

麵團分割
和滾圓

巧克力
畫五官

材 // 料

◆ **基礎麵團**（460g）

高筋麵粉250g、全蛋1個、牛奶100g、高糖速發酵母4g、細砂糖25g、鹽2g、無鹽奶油40g

◆ **內餡**

二砂糖15g、黑糖15g、肉桂粉15g、細砂糖15g、無鹽奶油35g

◆ **熔化非調溫巧克力**

黑色巧克力15g

白色巧克力10g

◆ **其他裝飾**

義大利麵3～4根

粉紅色色粉0.1g

愛心彩糖12片

作 // 法

基礎麵團

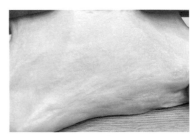

O1 除了奶油外，所有材料放入攪拌缸，攪打至稍微出現薄膜。

O2 加入軟化的奶油。

O3 繼續攪打至麵團出現薄膜狀態。

04 取出麵團整理表面，收口滾圓成球狀。

05 蓋上保鮮膜，進行基礎發酵約1小時。

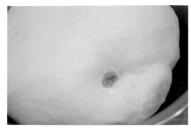

06 麵團發酵至2倍大，表面戳洞不會回縮即可。

07 發酵完成後，用拳頭拍打麵團進行排氣。

08 麵團切出20g×6顆做蝸牛身體，剩餘麵團整型成1顆球狀。

09 身體麵團滾圓，蓋上保鮮膜鬆弛15分鐘。

10 剩餘麵團擀成20×35公分的長方形。

11 下端的麵團用手指壓薄，以利收尾黏合。

12 內餡的二砂糖、黑糖、肉桂粉和細砂糖拌勻。

13 均勻刷上軟化的無鹽奶油35g。

14 作法12均勻撒在麵皮上，尾端預留一些空間以利收尾。

15 慢慢捲起成圓柱狀。

178

16 收口處黏緊。

17 分割成6等份。

18 切面朝上放置烤盤,並且稍微壓扁。

19 身體麵團搓成長度約8公分的水滴狀。

20 擀麵棍從中間往下擀壓。

21 黏合處抹上少許水,再黏於作法18螺旋麵團。

22 表面噴上少許水,放入烤箱烘烤完成,放涼。

裝飾完成

23 義大利麵油炸到褐色,放涼備用。

24 將麵條折成小段插在蝸牛頭上。

25 黑色巧克力畫上眼睛嘴巴,刷上粉紅色色粉。

26 愛心彩糖沾少許白色巧克力,黏在蝸牛點綴即完成。

Other Bread

頑皮猴鹽可頌

難易度

易

★☆☆

180

數量 ◆ 7個

▶ Video 影片

麵團
分割和滾圓

竹炭粉調水
畫五官

烘烤 ◆ 上火210℃、下火190℃，
　　　烘烤15～20分鐘。

材 ∥ 料

◆ 基礎麵團（350g）

高筋麵粉180g、細砂糖25g、可可粉6g、奶粉15g、鹽4g、高糖速發酵母2g、水100～105g、無鹽奶油20g

◆ 內餡

無鹽奶油8g×7條（每條5.5～6公分）

◆ 其他裝飾

海鹽3g

起司片2片

義大利麵2～3根

粉紅色色粉0.1g

竹炭粉調水：竹炭粉2g＋25℃常溫水2g

作 ∥ 法

基礎麵團

01 除了奶油外，所有材料放入攪拌缸。

02 機器開中速，攪打至稍微出現薄膜。

03 加入軟化的奶油，繼續攪打。

04 攪打至薄膜稍微產生鋸齒狀，收口滾圓後基礎發酵約1小時。

組合烘烤

05 切出10g×1顆做耳朵，剩餘分割7等份，分別滾圓。

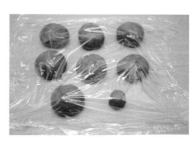

06 蓋上保鮮膜鬆弛10分鐘。

07 將7顆麵團搓成水滴狀。

08 蓋上保鮮膜鬆弛10分鐘。

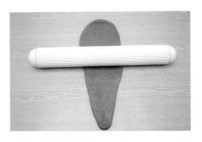

09 將麵團從中間向上向下擀長。

10 下端可將麵團拉長,並且擀長。

11 擀成長度約35公分。

12 無鹽奶油切成5.5～6公分,每條約8g。

13 奶油塊放置麵皮最上方。

14 左右兩端的麵團往內折,包覆奶油。

15 由上往下將麵皮慢慢捲起,捲至尾端。

16 收口處黏緊。

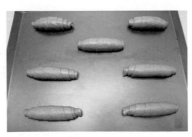

17 收口朝下放置烤盤上,進行最後發酵20～30分鐘。

18 將10g耳朵麵團分成14小顆,搓圓。

19 麵團上噴少許水。

20 左右兩端黏上少許海鹽。

21 作法18的耳朵麵團放置烤盤上，一起放入烤箱烘烤。

22 烘烤過程開烤箱，噴水2～3次，製造水蒸氣效果。

23 耳朵麵團烤約10分鐘先取出，鹽可頌續烤5～10分鐘，取出放涼。

装飾完成

24 耳朵麵團插上一小段義大利麵。

25 用高度約3公分愛心模型在起司片上，壓出7片猴子臉部。

26 愛心起司片尖端修除。

27 黏在放涼的鹽可頌中間。

28 插上耳朵麵團。　　　29 用竹炭粉調水畫上嘴巴。　　　30 再畫上眼睛。

31 用高度約1公分小橢圓
　　壓模在起司片上,壓出
　　7片。

32 對切一半。

33 黏在耳朵上。　　　34 小筆刷沾粉紅色色粉,刷在猴子臉部左右形成腮紅即可。

小熊披薩

數量 ◆ 4個

烘烤 ◆ 200℃烘烤10 ～ 15分鐘。

難易度

易

★☆☆

▶ Video 影片

麵團
分割和滾圓

竹炭粉調水
畫五官

材 // 料

◆ 餡料

洋蔥70g、紅蘿蔔40g、玉米粒45g、青豆仁
25g、鹽1.5g、黑胡椒粒1/2小匙、番茄醬
30g、起司粉5g、起司絲50g

◆ 基礎麵團（330g）

細砂糖6g、鹽2g、40℃溫水110g、高糖速發
酵母4g、高筋麵粉200g、植物油1大匙

◆ 其他裝飾

起司片2片

竹炭粉調水：竹炭粉2g＋25℃常溫水2g

作 // 法

準備餡料

01 洋蔥切小丁備用。

02 紅蘿蔔切小丁備用。

03 玉米粒、青豆仁盛入大
碗中備用。

04 鍋內加入少許植物油，
以小火加熱。

05 先放入洋蔥丁。

06 炒至洋蔥丁油亮並且微
上色。

07 再加入紅蘿蔔丁、玉米粒和青豆仁，可依照喜好更換配料種類。

08 全部配料炒熟，根據喜好量加入鹽和黑胡椒粒調味。

09 拌炒均勻即可關火，放涼備用。

基礎麵團

10 細砂糖、鹽、溫水和高糖速發酵母倒入鋼盆。

11 混合攪拌均勻。

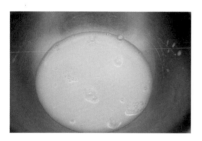

12 攪拌至無酵母顆粒。

13 再加入高筋麵粉、1大匙植物油。

14 全部攪拌均勻。

15 攪拌至成團，稍微還有乾粉即可。

16 取出麵團，用手揉至無乾粉且表面光滑。

17 整理麵團表面，拍扁後收口滾圓。

18　再分割4等份，當作臉部麵團。

19　每份切出5g×2顆小麵團做耳朵。

20　臉部麵團擀成17×13公分的橢圓形。

21　依照喜愛的厚薄度口感，發酵6～12分鐘。

22　耳朵麵團擀成直徑約5公分的圓形。

23　下端處沾上少許水。

24　黏在臉部麵皮上端的左右兩側。

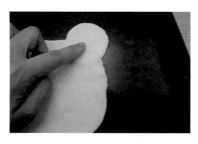

25　用手指壓一壓黏緊。

26　上端用叉子搓出小洞。

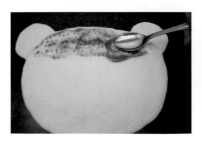

27　抹上適量番茄醬。

28　根據喜好用湯匙背抹出小熊的頭髮。

29　鋪上炒熟的作法9餡料。

30 撒上適量起司粉。

31 均勻鋪上起司絲即可烘烤，烤好後取出放涼。

32 起司片上壓出直徑約3公分的圓形。

33 對切一半做耳朵內裡。

34 沾點番茄醬黏在左右耳朵上。

35 取1片圓形起司片沾點番茄醬，黏在小熊臉部中間。

36 竹炭粉調水畫上眼睛。

37 畫上鼻子和嘴巴即完成。

紅蘿蔔兔子捲

難易度

中

★★☆

▶ Video 影片

麵團
染色法

巧克力
畫五官

數量 ◆ 4個

烘烤 ◆ 170℃烘烤 20 ～ 25 分鐘。

材 ∥ 料

◆ 基礎麵團（275g）
高筋麵粉150g、細砂糖15g、鹽0.7g、高糖速
發酵母1.2g、牛奶100g、無鹽奶油15g

◆ 色粉
綠色：菠菜粉1g
橘色：紅蘿蔔粉6 ～ 7g

◆ 鮮奶油餡
動物性鮮奶油100g、細砂糖10g

◆ 熔化非調溫巧克力
黑色巧克力15g
草莓巧克力15g

◆ 其他裝飾
蛋黃1個

作 ∥ 法

基礎麵團

O1 除了奶油外，所有材料放入攪拌缸。

O2 機器開中速，攪打至稍微出現薄膜。

O3 加入軟化的奶油，繼續攪打。

O4 攪打至麵團出現薄膜。

O5 整理麵團表面，拍扁後收口滾圓。

06 麵團切出24g白色、20g
染成綠色、剩餘的麵團
染成橘色，基礎發酵約
1小時。

07 橘色麵團切割4等份，
收口滾圓。

08 橘色麵團擀成長度約18
公分。

09 麵團翻面，將下端的麵
團用手指壓薄。

10 由上往下輕輕捲起。

11 收口處黏緊。

12 蓋上保鮮膜鬆弛15分鐘。

13 橘色麵團搓成長度大約
50公分。

14 取4支錐形丹麥管噴上
烤盤油，或抹上少許無
鹽奶油。

15 表面沾些高筋麵粉，可以防止沾黏。

16 麵團由管子尖端處開始，往上纏繞至頂部。

17 放置烤盤上，進行最後發酵20～30分鐘。

18 白色麵團分成3g×4顆、2g×4顆、1g×4顆。

19 將3g白色麵團搓成圓形，當作兔子的臉。

20 將2g白色麵團做耳朵、1g白色麵團做手部，各別切一半。

21 耳朵麵團搓成長條狀，手部麵團搓成圓球狀。

22 耳朵麵團放成V狀（墊烘焙紙），下端黏緊。

23 作法19的臉部麵團放在V下方。

24 手部放在旁邊一起烘烤。

25 綠色麵團分割4等份。

26 將麵團擀成橢圓形（墊烘焙紙）。

27 用滾輪刀切出3片葉子，4份綠色麵團共切出12片葉子。

28 葉子麵團分開些，避免烤完黏在一起。

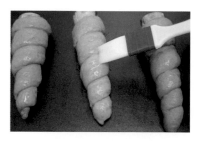

29 在發酵完成的紅蘿蔔表面刷上蛋黃液，即可放入烤箱烘烤。

30 葉子和兔子麵團烤約15分鐘，可先取出放涼。

31 紅蘿蔔麵團繼續烤5～10分鐘，取出後放置涼架待冷卻。

32 冷卻後再將丹麥管取出。

33 動物性鮮奶油和細砂糖倒入鋼盆。

34 打發至9分發，呈現堅挺狀的奶油霜。

35 裝入三明治袋內，袋口綁緊。

36 打發鮮奶油依喜好擠入螺旋麵包內。

裝飾完成

37 黑色巧克力在兔子上畫出鼻子和嘴巴。

38 繼續畫上眼睛。

39 草莓巧克力畫上腮紅和耳朵內裡。

40 放入打發鮮奶油上。

41 插上3片葉子。

42 兔子手部用黑色巧克力黏上即可。

五味八珍的餐桌
品牌故事

60年前，傅培梅老師在電視上，示範著一道道的美食，引領著全台的家庭主婦們，第二天就能在自己家的餐桌上，端出能滿足全家人味蕾的一餐，可以說是那個時代，很多人對「家」的記憶，對自己「母親味道」的記憶。

程安琪老師，傳承了母親對烹飪教學的熱忱，年近 70 的她，仍然為滿足學生們對照顧家人胃口與讓小孩吃得好的心願，幾乎每天都忙於教學，跟大家分享她的烹飪心得與技巧。

安琪老師認為：烹飪技巧與味道，在烹飪上同樣重要，加上現代人生活忙碌，能花在廚房裡的時間不是很穩定與充分，為了能幫助每個人，都能在短時間端出同時具備美味與健康的食物，從 2020 年起，安琪老師開始投入研發冷凍食品。

也由於現在冷凍科技的發達，能將食物的營養、口感完全保存起來，而且在不用添加任何化學元素情況下，即可將食物保存長達一年，都不會有任何質變，「急速冷凍」可以說是最理想的食物保存方式。

在歷經兩年的時間裡，我們陸續推出了可以用來做菜，也可以簡單拌麵的「鮮拌醬料包」、同時也推出幾種「成菜」，解凍後簡單加熱就可以上桌食用。

我們也嘗試挑選一些熟悉的老店，跟老闆溝通理念，並跟他們一起將一些有特色的菜，製成冷凍食品，方便大家在家裡即可吃到「名店名菜」。

傳遞美味、選材惟好、注重健康，是我們進入食品產業的初心，也是我們的信念。

冷凍醬料做美食

程安琪老師研發的冷凍調理包，讓您在家也能輕鬆做出營養美味的料理。

冷凍醬料的5大優點

省調味 × 超方便 × 輕鬆煮 × 多樣化 × 營養好

選用國產天麴豬，符合潔淨標章認證要求，我們在材料和製程方面皆嚴格把關，保證提供令大眾安心的食品。

三友官網

五味八珍的餐桌官網

五味八珍的餐桌 FB

程安琪鮮拌味 FB

程安琪入廚40 年 FB

五味八珍的餐桌 LINE @

聯繫客服　電話：02-23771163　傳真：02-23771213

程安琪